U0021803

MICHIO KAKU

加來道雄

蔡承志 譯

THE
GOD
EQUATION

The Quest for a Theory of Everything

神的方程式——

對萬有理論的追尋

獻給我的愛妻靜枝和我的兩個女兒，
蜜雪兒·加來（Michelle Kaku）和
阿麗森·加來（Alyson Kaku）

目次

導讀

侯維恕／臺灣大學物理學系講座教授

　　「大腳趾」TOE 出現了嗎？追尋愛因斯坦夢寐以求的「萬有理論」是本書主題，由虔信者加來教授從科學時代起頭講起。

＊　　＊　　＊

　　牛頓出生在伽利略離世那年，他將地上與天上的物理學聯結：原來月亮繞地球與蘋果「掉落」是同一回事，物理學與數學從此緊密相連，奠立了工業與機械革命的根基。隨著實證科學的成熟，自學出身的實驗家法拉第直觀地看到「磁力線」圖像，引進「場」的概念，馬克士威藉之完成電－磁互生的有名方程組，預測「光」乃是電磁波，預告了電氣時代的到來，讓城市一片光明！

馬克士威方程式預測了電磁波如光一般*以光速前進，又暗藏羅倫茲不變性及電磁互換不變性。不變性逐漸成為物理理論的特色。

＊　　　＊　　　＊

愛因斯坦出生在馬克士威辭世那年，他帶進下一個物理革命。那時科普便已流行，伯恩斯坦的《自然科學大眾讀本》叢書，啟發了少年愛因斯坦：「**能跑贏光束嗎？**」他想。成年後在伯恩專利局工作時，他發現追著光束跑，光束不但不「凍結」，反而仍以光速飛去：馬克士威方程式違反了牛頓力學。愛因斯坦洞察到，因為光速牽涉到藉儀器測量時間和位置，光速恆定意謂著時－空扭曲了，由此連結了物質與能量：$E = mc^2$（其實是 $E^2 = \boldsymbol{p}^2c^2 + m^2c^4$，$\boldsymbol{p}$ 是三維動量）。遠超過人經驗範圍的光速，預告了太陽的能源蘊藏！

馬克士威統一電與磁，愛因斯坦則統一了空間與時間、

---

* 加來教授說我們的肉眼看到電磁頻譜的「最纖小範圍」，受限於視網膜細胞尺寸，這過於化簡。由「可見光」這三字，我們知道眼睛乃是演化而來，且基於幾個巧合：太陽光譜最強在黃光；可見光可穿透地球大氣（但感謝紫外光難以穿透）；化學反應能量在紫外光及以下範圍。

質量與能量，這十分的超越。他藉純思考重力與加速的對等，一手創建廣義相對論：時空因能量密度扭曲，以致——黑洞。愛因斯坦（「老愛」）從此夢想他的統一理論：將他方程式的左邊與右邊、重力與物質統一起來，雖投注後半生之力，終未實現。

＊　　　＊　　　＊

老愛獨創的相對論，關乎宇宙「大環境」，但帶進現代科技革命、改變文明進程的，則非量子力學莫屬。十九世紀末，克耳文勳爵認為物理學已到了盡頭，剩下就是計算下一位有效數字了。身為熱力學大師，他對地質學家宣稱地球的年歲數以億年計嗤之以鼻，因地熱早就消散。他當然不知道老愛還沒寫出的方程式，但世紀末的發現卻正在他眼前發生——放射性。

理論出身的加來教授可能對實證科學還不夠體會，略過了我的英雄拉塞福的偉大貢獻。拉塞福的恩師湯姆森在放射性發現時藉陰極射線管（早期的電視由其衍生）發現電子。拉塞福則釐清放射性有 α、β、γ 三種輻射，證明 α 射線是氦離子，並用之穿透金箔，赫然發現大角度散射、甚至反彈，因而證明原子的質量與正電荷集中在小十萬倍的原子核裡，

和湯姆森預期的不同。拉塞福發現沒人想像過的次原子結構，且一下跨越五個數量級，至今無出其右者！普朗克面對黑體輻射的挑戰而引入「量子」並其常數 h，再由老愛推廣出「光子」能量包，但「物質」量子化的起點乃是拉塞福的發現。

量子力學接下來的發展耳熟能詳：波耳原子模型經德布洛意物質波的詮釋，發展到海森堡矩陣力學及薛丁格波動方程式，不但解決了元素週期表，且導致「半導體」的發展，在二次大戰後引發科技革命。但福兮禍所伏：人類的技術突破常藉助戰爭的爆發力；原子彈便是二戰帶出來的。

＊　　　＊　　　＊

老愛一手打造相對論，量子力學卻是「許多物理學家不斷撞牆」的產物，因為太不直觀了。這不是人想出來的理論，而是求諸自然（divining from Nature）的實證結果。量子力學挑戰認知；費因曼說：「沒人懂量子力學！」說得精闢。什麼在「波動」？「波動的是在該定點找到一顆電子的機率」！？「觀察者的測量決定薛丁格的貓的生、死」？量子力學要求「意識」的前提？那宇宙沒有「人」之前怎樣？加來教授有精彩的討論。套兩句迴響千古的對話：

愛因斯坦：「上帝不和宇宙玩骰子。」

波耳：「別再指使上帝該做什麼了。」

沒人懂量子力學！但它的預測總是對的；波耳的哥本哈根「機率波」詮釋看來勝出。或許老愛的勢單力孤使他沒能重視「物質界」因而沒找到「統一理論」，但長江後浪推前浪：狄拉克因年輕幾歲而錯過量子力學的澎湃，卻藉尋求符合狹義相對論而有驚人發現，改變了人類對宇宙的認知。

＊　　　＊　　　＊

薛丁格方程式將質能做非相對論性近似，即 $E = p^2/2m$，丟掉 mc^2 並配以位能，乃是將牛頓古典運動方程「量子化」。老天慈悲，讓電磁力相當弱而使電子在原子中以非相對論性運動，這樣的近似就足以解開原子，且一路到半導體。但電磁波以光速前進，也該思考近光速運動的電子。理性思考的動物——人，踏上旅程。二十六歲（與老愛一九〇五年時相同年紀）的狄拉克成功了。

加來教授說狄拉克方程式預測了電子自旋，沒反映出量子力學是求問自然而來：狄拉克當時已知電子「自旋」的量子現象。狄拉克的挑戰是：應有與電子同質量但電荷為正的

粒子,卻沒看到!狄拉克用質子硬湊,卻不能自圓其說。實驗再次解圍:在狄拉克掙扎數年後,安德森發現正電子(正子、反電子),將一切底定。但正電子不但與電子電荷相反,且會與電子相互湮滅 —— 反物質!

反物質其實藏身愛因斯坦方程式。記得 $E^2 = p^2c^2 + m^2c^4$?不僅動量 p 有正負號,能量 E 也可以為負;薛丁格寫下波動方程式沒透露他選「正能量」而扔掉「負能量」;實驗測量只會得正。量子化愛因斯坦方程式使負能量波不可避免,數學自恰性則指向相反電荷的粒子。面對從未想過的反物質馬上帶出新議題:宇宙原初與物質等量的反物質到哪去了?本書未追究。

討論「薛丁格的貓」時談到太陽放光問題,提到實證主義哲學家孔德曾說人類**永遠**無法回答「行星和太陽是以什麼材料構成?」因為人無法「到太陽去實證」。沒想到說這話時,慕尼黑的夫朗和斐開發的工藝技術帶領人類最終發現太陽的主要成分是氫、氦。加來教授犯了與孔德一樣過度直觀的毛病。太陽主要成分的發現是人類的壯舉,藉「女力」(塞西莉亞・佩恩)將天文觀測與原子物理結合而完成。它既不直觀,且曾遭到男性沙文主義打壓。佩恩的發現後十多年,母親是猶太人的貝特在美國得出太陽主要能源的 pp 循

環。可見德國是被自己的極端意識形態所打敗，因為正如普朗克所擔心的，它迫使大量科學家逃離德國；一九三三年貝特遭納粹解職，經英國來到美國，後來成為曼哈頓計畫的理論要角。

*　　*　　*

二次大戰將科學家推到戰爭相關研究，帶動許多技術發展，但基礎研究中斷了，戰後才重新飛躍進展：量子電動力學 QED。狄拉克電子運動已與光子對等，新挑戰是計算量子效應的「發散」結果，即量子修正項竟然無窮大！當初普朗克也是解決了古典黑體輻射的高頻發散問題，但如今問題分外嚴重。新生代的施溫格和費因曼等使出「神奇魔法」——重整化，讓兩個無限大彼此抵銷。狄拉克本人對此作法不大滿意，但這造就出有史以來最精確的 QED 理論。

戰前已對兩種核力有所瞭解，即將質子、中子束縛成原子核的強作用，與放射衰變背後的弱作用（如中子衰變成質子、電子及反微中子）。物理學家藉原子彈的開發獲得經費恩寵，具體實現戰前已發明的加速器，竟發現無數新粒子。費因曼的加州理工同事蓋爾曼，如門得列夫般藉分類推論出比質子、中子更小的「夸克」存在，但又遇上大麻煩：

沒看到這種粒子！當時將 QED 推廣的楊－米爾斯理論已問世，後來可以解釋為何夸克無法直接被看到。夸克間的楊－米爾斯作用力，發展出和量子電動力學類比的量子色動力學 QCD（色荷是楊－米爾斯場與電荷的類比推廣）。在一九七○年左右經由特‧胡夫特和老師韋爾特曼證明可重整化，即比 QED 還困難的發散性一樣可藉「神奇魔法」消除。而這個證明不受楊－米爾斯對稱性「自發破壞」的影響！

原來中子衰變等弱作用研究在一九六○年代出現另一種楊－米爾斯理論，將弱作用與電磁作用統一起來：弱作用之所以弱，乃是對稱性「自發破壞」，使得與光子類比的作用粒子變得很重！這種「重光子」楊－米爾斯理論，其發散性當年連李、楊兩位先生也束手，倒是被年輕的特‧胡夫特給證明了。

長話短說：一九七四年的「十一月革命」（丁肇中以及在史丹福的實驗）發現第四種夸克以後，夸克與 QCD 底定，而統合（但不統一）強、弱與電磁作用的「標準模型」浮現。除了光子與 QCD 的膠子無質量、微中子的質量機制不確定外，其他九種自旋 1/2 費米子及媒介弱作用、自旋 1 的 W、Z 玻色子都從稱為「神之粒子」的希格斯粒子獲得質量！後者則是希格斯場引發對稱性破壞後的殘餘。

　　　　　＊　　　　＊　　　　＊

　　標準模型並不美麗，太像「拼裝車」了。但不僅其內含粒子一一現身，希格斯粒子也在二〇一二年被位於日內瓦歐洲粒子物理中心大強子對撞機 LHC 的實驗發現，質量產生機制近幾年也由實驗確認的差不多了。標準模型加廣義相對論已「幾近萬有理論」，可以解釋小到質子以下、大到宇宙幾乎所有已知之事 —— 除了許多「超越標準模型」的現象與問題。

　　已知之事在廣義相對論方面包括關乎宇宙起源的 2.7 K 宇宙微波背景輻射與黑洞，而黑洞帶出「蟲洞」與「時光旅行」等迷人問題，以及老愛預測的重力波。超越標準模型的現象則有費米子質量與混和現象、宇宙反物質消失及「暗宇宙」。後者對應天文與宇宙學的兩大發現，即暗物質與暗能量，其總量遠多於放光的可見物質，我們還不知它們究竟是啥！但暗能量指向老愛引進的「宇宙常數」。

　　2.7 K 宇宙背景輻射以及哈伯發現的宇宙膨脹指向宇宙起自一點 —— 大爆炸：宇宙確實是炸開來的。大爆炸之前，宇宙似乎經過「暴脹」期，藉它可解決許許多多的問題且可以由類似希格斯粒子的「暴脹子」導致。這一切，加來教授

都有所交代。那麼，再之前呢？宇宙究竟是如何生成的？！藉這個大哉問，加來教授終於討論他魂之所繫的正題：萬有理論。問題出在「重力子」。馬克士威方程式預測電磁波，量子化跑出光子；愛因斯坦廣義相對論預測重力波，最近被觀測到而成為大熱門。將重力波量子化就跑出作用粒子：自旋為 2 的重力子。但問題老早就存在：所有在 QED、QCD 及電弱作用的「神奇魔法」全都失靈 —— 重力子的散射及量子修正有無窮的發散性，到處都是無限大。還是老愛厲害！

＊　　　＊　　　＊

包立在他過世的一九五八年曾在哥倫比亞大學講他與海森堡的「統一場論」。演講後，波耳說他們的理論「恐怕還不夠瘋狂」。真正新穎、原創的弦論，可能夠瘋狂：比（點狀）粒子**更真實的乃是「弦」的振動，且維度必須是十！**

老愛面對馬克士威方程式與牛頓力學之間的矛盾領悟出狹義相對論；他獨創的廣義相對論 GR 與量子力學 QM 之間則有更大、更深的矛盾：GR 在大尺度宇宙及黑洞適用，QM 在極小次原子世界適用，但兩者兜在一起就出現極大矛盾。

加來教授太愛弦論，一進入主題便迫不及待從韋內齊亞

諾公式跳到重力子並十維度。容我們放慢一些，由歷史發展入手。

＊　　　＊　　　＊

　　強作用研究在一九六〇年代遇到瓶頸，人們甚至想放棄場論。然而原先以為是基本粒子的強共振態，雖多到不行，卻在質量與自旋之間顯出關連。韋內齊亞諾在研究這些現象時，注意到與兩百年前貝塔函數之關連而寫下散射公式，經多人闡明乃是兩根**弦**的散射。而強共振態質量－自旋關連也對應到相對論性旋轉的**弦**：強作用研究孕育出弦論前身。到一九七一年傑維與崎田從韋內齊亞諾公式得到一種新的場論變換：費米子和玻色子之間的「超對稱」。加來教授很快提到超電子、超夸克等超伴子，容後再談。

　　超對稱藉魏思（Julius Wess）與祖米諾（Bruno Zumino）一九七四年的工作發展成場論顯學。倒是弦論陷入沈寂的十年，因為一九七四年的十一月革命底定了標準模型，QCD成為無疑義的強作用理論；用弦探討強作用被遺忘在歷史的垃圾筒裡了。但有人從數學的角度對弦論著迷而**更瘋狂地**堅持下去，因為弦的振動自動出現重力子：或許它不關乎強作用而是關乎重力的理論架構！一九八四年格林與施瓦茨一連

串的工作引發了第一次弦論革命；他們證明超弦論可對付發散性（無限大修正；但指定**十維度**），且可消除一些破壞理論的「異常」。基於後者，知名的維騰為格林－施瓦茨背書，使許多理論家投身革命。

我多少從外圍經歷了這次革命，以及超對稱風潮。念博士時有同學做超對稱研究，令我覺得沒沾邊好像就死路一條。一九八五年我到匹茲堡任博士後，當時「第一次革命」勢不可擋，我與數名理論教授合組讀文會苦追半年，到一九八六年晚春不了了之；我自我解嘲：「賓州的西邊（匹茲堡）與東邊（費城與紐澤西的普林斯頓）相隔太遠了！」弦論論文多如過江之鯽，讀都讀不完，遑論做出成果了。不過，放下追風而死心塌地做實驗相關的研究卻正是當初物理吸引我之處！

*　　　*　　　*

接下來就說到「二次弦論革命」。此時我已在推動高能實驗，只有耳聞。

一九九五年維騰在弦論年會提出十一維 M －論，將五種弦論統合在「膜論」下，數月內有數百篇論文迴響，是為二次革命。但為何稱 M －論而不就稱它膜論？這就對應到

加來教授所稱「我們還不知道它的最終基本原理。」但一九九七年馬爾達西那猜想十維度超弦與四維度超楊－米爾斯理論有對偶關係，為二次革命帶進新高潮，也把弦論帶回它的源頭──強作用！加來教授沒有稱這對偶關係是「猜想」，因為它的確已被普遍接受，但嚴格證明太困難（說穿了，我們至今並沒有楊－米爾斯理論的真確解）。這個猜想跨領域且影響深遠，即所謂的「ADS/CFT 對偶」，還牽涉到「黑洞蒸發」等相關資訊論。本書雖提到「全像原理」但未深入討論，我們也不追下去。讀者可隨加來教授的熱情與生花妙筆去感受、體會，包括因「萬有理論」而涉及「意義」等哲學、宗教思維與人生議題的最後一章。

我們倒想討論兩、三個議題：可測試性與尺度、超對稱與暗物質。

＊　　　＊　　　＊

加來教授用「還不知道它的最終基本原理。」為由，認為要拿弦論來與實驗比較，為時尚早，我不完全認同。為何「可測試性」被自然科學奉為圭臬？除了四百年的指導原則外，根本方面乃是自然科學就是在求問自然；光數學的美是不夠的，雖然數學與物理學家間常讓彼此大感震驚。

沒有人預測原子核存在且尺度小十萬倍。這，美嗎？人類得知這事實要感謝拉塞福並大自然提供如 α 射線的工具。自然界中的存在要求問自然才學得到。

　　也許超弦理論、或 M －論的數學之美可以說服如加來或維騰等理論家，但從實證科學來看，弦論是跑得太快了。我們與拉塞福的時代相比，將尺度從費米（千兆分之一米）推到千分之一費米以下，但焉不知我們再往下推，不會在「翻下顆石頭」時有新發現呢？很多超越標準模型的問題帶給我們希望。

＊　　　＊　　　＊

　　就前述可測性議題，大強子對撞機藉超對稱提供啟發。

　　一九七〇年代超對稱興起成為粒子物理主流，到 LHC 時代人們特別寄予厚望：超伴子將如雨後春筍出現！希格斯粒子的確很快出現，但其質量打中超對稱的要害：希格斯粒子相當輕，預告超對稱有麻煩。在同一時間，其實兩大實驗 ATLAS 及 CMS 都「無感」於超伴子的存在，果然至今沒發現半顆。

　　超對稱藉弦論浮出，而弦論家也對超對稱寄予厚望，因為發現超對稱可「順勢」導向弦論。另一寄予厚望的是天

文學家期盼「弱作用大質量粒子」WIMP 浮現：WIMP 自然在超對稱可以出現，是天文界最期待的暗物質候選者；若 LHC 能確認暗物質是 WIMP，他們可繼續探討，是對稱性與「美」之外的最大支持理由。因 WIMP 是暗物質候選領銜者，許多實驗也設計出來，升天入地去探尋。可惜，不論是 LHC 超伴子或 WIMP 暗物質，搜尋都落了空！

這一切其實並不否定超對稱，只是人類是否搞錯了尺度。回頭看，超對稱的場論發展不自覺的引入成見及願望：弱作用自發破壞帶出一些問題，使理論家認為超對稱自發破缺也應當在類似尺度。是這個前提看來被實驗否定了，而弦論也因此未得奧援，粒子物理則進入「怪力亂神」期。

＊　　　＊　　　＊

「神的方程式」讓我們聯想到「神之粒子」，當初雷德曼原想稱為神譴（Goddamn）粒子。弦論方程式有了，它是屬神還是神譴的，只有神知道。

前言 簡介最終理論

　　它的目標是要成為最終理論（final theory），那是個單一的框架，循此來統合宇宙的所有力，並編排出從膨脹宇宙的運動到次原子粒子的最細微舞動等所有動作。箇中難題在於要寫出一則具有高度數學優雅特性，並能把物理學完整包納在內的方程式。

　　好幾位舉世最出色的物理學家都潛心探尋。史蒂芬‧霍金（Stephen Hawking）甚至還為他的一次演說冠上一則帶有喜慶意味的標題──〈理論物理學是否終點在望？〉（Is the End in Sight for Theoretical Physics?）。

　　倘若這項理論成功了，那就會成為科學的巔峰成就。它就會成為物理學的聖杯，那會是一則公式，而且原則上從它就可以推導出其他所有方程式，從大爆炸開始，接著一路進展來到宇宙的終點。那會是自從古人問道：「世界是以什麼組成的？」以來，歷經兩千年科學探尋所成就的最終產物。

　　這是個令人屏息的願景。

愛因斯坦的夢想

我最早是在八歲童稚時期見識了這個夢想所帶來的挑戰。有一天，報紙發布一位偉大科學家去世的消息。報紙上刊出了一幀令人難忘的照片。

那是他的書桌的影像，上面有一本攤開的筆記簿。文字說明聲稱，我們這個時代最偉大的那位科學家，沒辦法完成當初由他所啟動的工作。我覺得很驚奇。到底是什麼問題那麼困難，連偉大的愛因斯坦都解決不了？

那本簿子裡面寫了他的未完成的萬有理論（theory of everything），愛因斯坦稱之為統一場論（unified field theory）。他想擬出一則方程式，或許不比一英吋還長，藉此他就能夠——按照他的說法——「讀取上帝的心思」（read the mind of God）。

當時我並沒有完全意識到，那是個何等壯闊的問題，於是決定追隨這位偉人的腳步，期望能扮演個小角色，協力完成他的求知使命。

然而還有其他許多人都試過了，[1] 而且失敗了。如同普林斯頓的物理學家弗里曼·戴森（Freeman Dyson）所述，通往統一場論的道路上，滿滿失敗嘗試的屍骸。

然而，時至今日，許多領導物理學家都認為，我們終於逐步向答案趨近了。

　　領先的（也是我心目中唯一的）候選理論稱為弦論（string theory），根據這個學理，構成宇宙的並不是點狀粒子，而是纖小的振動弦，發出的每個音符分別對應於一顆次原子粒子。

　　倘若我們有一台倍率夠高的顯微鏡，我們就能看出，電子、夸克、微中子等，其實都只不過是模樣像橡皮圈的纖小環圈的振動。只要我們以種種不同方式來撥動橡皮圈充分次數，最後我們就會創造出宇宙間的所有已知次原子粒子。這就表示，所有物理學定律，全都可以歸結化為這些弦的和聲。化學就是我們能以那些弦奏出的旋律。宇宙就是一首交響樂。而上帝的心思，愛因斯坦以妙筆寫出的課題，則是在時空中共鳴的宇宙音樂。

　　這不單只是個學術問題。每當科學家破解了一種新的力，結果都改變了文明的進程，並扭轉了人類的命運。舉例來說，牛頓發現了運動和重力的定律，為機器時代和工業革命奠定了基礎。麥可・法拉第（Michael Faraday）和詹姆斯・馬克士威（James Clerk Maxwell）有關電與磁的學理解釋，為我們的都市照明鋪設了坦途，並帶給我們強

有力的電動馬達和發電機,以及藉由電視和收音機的即時通訊。愛因斯坦的 $E = mc^2$ 解釋了恆星的動力,並協助破解了核力(nuclear force)之謎。當埃爾溫‧薛丁格(Erwin Schrödinger)、維爾納‧海森堡(Werner Heisenberg)和其他人解開了量子理論的祕密,他們也為我們帶來了今天的高科技革命,還賦予我們超級電腦、雷射、網際網路和我們客廳裡面的種種驚人美妙器具。

追根究柢,那所有現代技術,全都根源自逐步發現世界基本作用力的科學家。現在,科學家已經有可能把統一這四種自然力 —— 重力、電磁力和強核力與弱核力 —— 的理論彙整起來,構成單獨一個理論。到最後,它就有可能破解科學一切範疇的最深奧謎團和問題,好比:

- 大爆炸之前發生了什麼事情?為什麼一開始會出現大爆炸?
- 黑洞的另一端有什麼東西?
- 時光旅行有可能成真嗎?
- 是否有通往其他宇宙的蟲洞?
- 是否有更高維度?
- 是否有平行宇宙構成的多重宇宙?

本書敘述探求這種終極理論的尋覓過程，以及當中種種離奇的迂迴轉折，鋪陳出了這段無疑是物理學史上最古怪的篇章之一。我們會回顧所有先前的革命，那些變革賦予我們種種美妙的技術產物，從牛頓革命開始，接著一路推演到電磁力的掌握，還有相對論和量子理論的開展，以及今天的弦論。而且我們還會解釋，這項理論如何有可能也破解空間和時間的最深奧謎團。

批評陣營

不過障礙依然存在。儘管弦論激發出振奮激情，批評人士向來熱衷於指出它的缺陷。接著在種種宣揚炒作和狂熱舉止之後，真正的進展遲滯了。

最明顯的問題在於，儘管媒體阿諛稱頌那項理論的美和複雜性，我們卻沒有可測試的具體證據。我們一度寄望於大型強子對撞機（Large Hadron Collider, LHC），位於瑞士日內瓦郊外的史上最大型粒子加速器，期盼它能找到最終理論的確鑿證據，如今這卻依然捉摸不定。大型強子對撞機能夠找到希格斯玻色子（Higgs boson），這種粒子號稱上帝粒子（God particle），卻只能算是最終理論一片細小的缺失拼圖。

儘管目前已經提出了好些深具雄心抱負的提案，建議建造威力更強大的機型，來接替大型強子對撞機，卻沒有人能擔保，這類昂貴的機器找不找得到任何東西，也沒有人能明確知道，到了哪個能量尺度，我們就能找到新的次原子粒子，好來驗證這項理論。

　　不過有關弦論的最重要批評或許就是，它提出多重宇宙的預測。有次愛因斯坦曾說，關鍵問題在於：當上帝著手創造宇宙，那時祂有沒有選擇餘地？宇宙是獨特的嗎？弦論本身是獨特的，然而它或許有為數無窮的解。物理學家把這個稱為地景問題（landscape problem）──我們的宇宙其實有可能只是眾多解之一，而且同等可信的解，如浩瀚汪洋般充沛。倘若我們的宇宙只是眾多可能性當中的一個，那麼哪一個是我們的？我們為什麼住在這處宇宙，而不是另一處裡面？那麼，弦論的預測力在哪裡呢？那是個「萬有理論」（theory of everything）呢，或者是「萬可理論」（theory of anything）呢？

　　我承認我和這項搜尋連帶有關。我從一九六八年起就投身從事弦論研究，它就是在那年偶然出現，沒有公開宣布，也完全出人意料之外。我見識了那項理論的驚人演變，從單獨一項公式，發展成為一門學科，而且研究論文可以填滿整

座圖書館。如今，弦論構成了全世界領導實驗室所進行大半研究的根本基礎。期盼本書能帶給各位一項平衡的、客觀的分析，兼顧鋪陳弦論的突破性發展和侷限性。

本書還會解釋，為什麼這項探尋抓住了世界頂尖科學家的想像力，還有為什麼這項理論醞釀出了那麼強大的熱情和爭議。

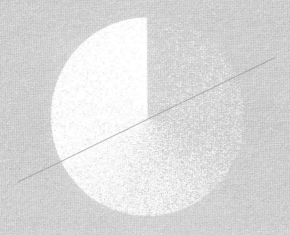

第一章

一以貫之——古老的夢想

凝望夜空壯麗景象，天際環繞著燦爛星辰，我們很容易被那種令人屏息、十足雄偉的氣勢給湮沒。我們的關注焦點轉向歷來最神祕的幾道問題。

宇宙有宏觀設計嗎？

我們如何理解看似毫無意義的宇宙？

我們的存在有什麼節律和道理嗎，或者這完全是毫無意義的？

我想起了史蒂芬·克萊恩（Stephen Crane）寫的詩：

有個人對宇宙說：

「閣下，我存在！」

「不過，」宇宙回答道，

「這件事可沒有讓我產生什麼責任感受。」

希臘人是最早認真嘗試釐清我們周遭世界混沌亂象的民族之一。亞里士多德等哲學家認為，萬物都可以歸結為四大基本成分（地、氣、火和水）的混合產物。不過，這四種元素是如何醞釀出世界的豐富複雜性？

就這個問題，希臘人提出了至少兩個答案。第一個答案出現得比亞里士多德更早，由哲學家德謨克利特（Democritus）

提出。他認為，萬物都可以歸結為纖小的、看不見的、不可毀壞的粒子，他稱之為原子（atom），希臘文的意思是「不可分割的」。然而批評者指出，原子的直接證據是不可能取得的，因為它們太小了，觀測不到。不過德謨克利特仍能提出令人信服的間接證據。

舉例來說，想像一枚金戒指。多年下來，那枚戒指開始耗損。失去了一些東西。每天都有一些纖小物質碎片從戒指磨耗脫落。因此，儘管原子是看不見的，它們的存在仍是可以間接測定的。即便到了今天，我們的先進科學，大半仍是間接完成的。我們知道太陽的組成成分、DNA 的細部結構，還有宇宙的年齡，全都歸功於這樣的測定結果。我們知道這一切，即便我們從來沒有前往探訪恆星，或者鑽入 DNA 分子或者目睹見識大爆炸。當我們討論談到試圖證明統一場論的諸般嘗試之時，直接和間接證據的這種區辨，就會變得至關重要。

第二條途徑由偉大數學家畢達哥拉斯開創。畢達哥拉斯發揮獨到眼光，把數學描述應用於音樂等塵世現象，相傳他注意到彈撥里拉琴琴弦發出的聲音，和鎚擊鐵桿共鳴聲響的雷同之處。他發現，兩種聲音都發出以特定比率振動的音樂頻率。因此，美妙悅耳如音樂，其根源仍是出自共鳴的數

學。他認為,這或許便表明,我們在身邊所見事物的多樣性,必然也遵守這相同的數學規則。

所以,起碼我們這個世界的兩大理論出自古希臘:有關萬物都是以看不見的、堅不可摧的原子所組成的觀點,以及自然多樣性能以振動數學來描述。

不幸,隨著古典文明崩潰,這些哲學上的討論和爭辯全都流失了。有關於世上可能有某種範式可以用來解釋宇宙的理念被人遺忘,塵封了將近一千年。黑暗籠罩西方世界,科學研究大半都被迷信、魔法和巫術的信仰所取代。

文藝復興時期的重生

十七世紀期間,好幾位偉大的科學家挺身挑戰既定秩序,投入探究宇宙本質,然而面對他們的是嚴苛對抗和迫害。約翰尼斯・克卜勒(Johannes Kepler)是最早應用數學來說明行星運動的人士之一,他是神聖羅馬帝國皇帝魯道夫二世(Emperor Rudolf II)的皇家數學家,也或許他從事科學研究之時,虔誠納入了種種宗教元素,才得倖免未受迫害。

當過僧侶的焦爾達諾・布魯諾(Giordano Bruno)就沒有那麼幸運了。一六○○年,他以異端邪說罪受審並被判死

刑。他遭封口並在羅馬赤裸遊街示眾，最後被綁上火刑台燒死。他的首要罪名？宣揚在環繞其他恆星的行星上可能存有生命。

偉大的伽利略，實驗科學之父，險些遇上相同的命運。不過伽利略不像布魯諾那麼頑強，他在死亡之苦威脅下撤銷自己的理論。不過他以他的望遠鏡留下了一項持久遺贈，留給我們科學史上最具有革命性和煽惑性的發明。有了望遠鏡，你就可以自己親眼看到，月球密密麻麻滿隕石坑；金星有不同的相位，而且和它的繞日軌道對應相符；木星有成群衛星，這一切全都是異端邪說。

只可惜，他遭軟禁，不得會見訪客，最後還失明。（據說那是由於他有次用望遠鏡直接觀測太陽所致。）伽利略死時窮途潦倒。不過就在他死亡那年，一個嬰兒誕生在英格蘭，而且他會完成伽利略和克卜勒當初未能完成的理論，也帶給我們一項天空的統一理論。

牛頓的力學理論

以薩．牛頓（Isaac Newton）或許是有史以來最偉大的科學家。在沉迷於巫術和魔法的世界中，他膽敢寫下天空

的普適定律，還動用了他發明來研究力的一門新數學，稱為微積分（calculus）。物理學家史蒂芬·溫伯格（Steven Weinberg）便曾寫道，「現代有關最終理論的夢想，從以薩·牛頓才真正開始。」[1] 在那個時代，它是被當成萬有理論，也就是能描述所有運動的理論。

事情是從他二十三歲時開始。當時劍橋大學受黑死病疫情影響關閉了，一六六六年某一天，就在他的鄉間產業上散步時，牛頓看到了一顆蘋果掉落。那時他對自己提出的問題，後來就扭轉了人類歷史的進程。

倘若蘋果掉落，那麼月球是不是也掉落？

在牛頓之前，教會教導，世上有兩類律法。一類是見於地球上的律法，由於凡人犯罪而腐化了。第二種見於天國，那是純粹的、完美的，而且和諧的律法。

牛頓的理念精髓是要提出一項能含括天與地的統一的理論。

他在筆記本中畫出了一幅深切影響未來的圖像（見圖1）。

從山頂發射砲彈，它會先飛行若干距離，隨後才擊中地

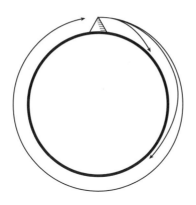

圖1：接連發射砲彈並逐步提高能量，於是它最後就會完整環繞地球，回到它的起點。接著牛頓說明，這就能解釋月球的軌道，從而將見於地球上的物理定律和規範天體的定律統一起來。

面。不過倘若你逐步提高砲彈的發射速度，它就會移動得愈來愈遠之後才回到地表，最後它就會完整繞行地球，然後才回到那座山頂。他結論表示，支配蘋果和砲彈的自然定律：重力，也緊抓著月球讓它在軌道上繞行地球。地上的和天上的物理學是一樣的。

他之所以能辦到這點，就靠導入力的概念。物體會動是由於它們被舉世通用的力所拉動或推動所致，而且這些力還能以數學方法精確測定（在那之前，有些神學家認為，物體是由於欲望才移動，因此物體掉落是由於它們渴望和地球結

合所致。）

牛頓導入了統一的關鍵概念。

不過牛頓是出了名的孤僻，從事的研究絕大多數他都守密不宣。他沒有什麼朋友，不懂得閒聊，而且經常沉溺與其他科學家針對他的發現進行優先權惡鬥。

一六八二年時，一起轟動世界的事件改變了歷史的進程。一顆熾烈彗星飛越倫敦上空。從君主和女王到乞丐，全都就這則消息議論紛紛。它是從哪裡來的？它要往哪裡去？它預示什麼徵兆？

對這顆彗星投注關切的人士當中，有個人名叫愛德蒙・哈雷（Edmond Halley），他是個天文學家。哈雷前往劍橋和著名的牛頓見面，當時牛頓已經因為發展出光理論而享有盛名。（牛頓讓陽光射過玻璃稜鏡，顯示從白光可以分離出彩虹的所有色彩，從而證明白光其實是種複合色。他還發明了一款新型望遠鏡，使用反射鏡面，而不使用透鏡。）哈雷拿所有人都在談論的那顆彗星來請教牛頓，結果牛頓的說明讓他大吃一驚，牛頓竟然能夠證明，彗星都沿著橢圓形路徑環繞太陽，而且他還能使用他自己的重力理論，來預測它們的軌跡。事實上，他當時正使用他自己發明的望遠鏡來追蹤彗星，而且它們的移動也正與他的預測相符。

哈雷目瞪口呆。

他馬上意識到，自己正目睹科學的一個里程碑，於是他志願支付費用，出資印刷最後會成為所有科學學門的最偉大傑作之一，《自然哲學的數學原理》（*Mathematical Principles of Natural Philosophy*）或簡稱為《原理》（*Principia*）。

此外哈雷還得知，牛頓提出了預測，認為彗星有可能相隔固定時段回返，於是他計算出，一六八二年那顆彗星將在一七五八年回返。（哈雷的彗星一如預測，在一七五八年聖誕節飛越歐洲上空，協助在牛頓和哈雷死後鞏固了他們的聲望。）

牛頓的運動和重力理論，代表人類心智的最偉大成就之一。以單一原理統一了所有已知的運動定律。亞歷山大·波普（Alexander Pope）寫道：

自然和自然的定律藏身夜間：
神說，讓牛頓現身！
於是四處綻放光明。

就連今天，依然得靠牛頓的定律，航太總署的工程師才能引導我們的太空探測器飛越太陽系。

什麼是對稱性？

牛頓的重力定律也很值得一提，因為它具有對稱性，所以當我們做個旋轉，方程式依然保持相同。想像地球周邊包覆一個球體。球上所有定點的重力強度全都一模一樣。事實上，這就是為什麼地球是球形的，而不是另一種形狀，因為重力均勻地擠壓地球。這也是為什麼我們從沒見過立方體形恆星或金字塔形行星。（小型小行星往往呈現不規則形狀，這是由於施加於小行星的重力強度太弱小，沒辦法均勻地擠壓它所致。）

對稱性概念很簡單、優雅又符合直覺。而且，在本書所有篇幅，我們都會見到，對稱性不只是一項理論的虛浮裝飾，實際上它還是種必要的特徵，顯現出宇宙底層的某種根深蒂固的物理原理。

不過當我們說，一則方程式是對稱的，這時我們要傳達的是什麼意思呢？

倘若某件事物在你重新排列它的組成部分之後，它依然是相同的，或者是保持不變的，則該事物就是對稱的。舉例來說，球體是對稱的，因為當你旋轉球體，它依然保持相同。不過我們該怎樣用數學來表達這點呢？

想想環繞太陽運行的地球（見圖2）。設地球軌道的半徑為 R，當地球沿著它的軌道移動，半徑保持不變（實際上地球的軌道是橢圓形的，所以 R 會略有變動，不過就本例來講這點並不重要）。地球軌道的座標由 X 和 Y 來設定。當地球沿著它的軌道移動，X 和 Y 會持續改變，不過 R 是個不變量，也就是說它並不改變。

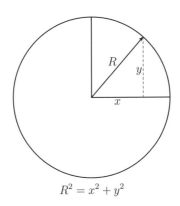

$$R^2 = x^2 + y^2$$

圖2：倘若地球環繞太陽運轉，它的半徑 R 都保持相等。隨著地球繞軌運行，地球的 X 和 Y 座標也持續改變，不過 R 是個不變量。從畢氏定理（Pythagorean theorem）我們知道，$X^2 + Y^2 = R^2$。所以不論是從 R 的觀點或者依循 X 和 Y 的觀點來看，牛頓的方程式都具有對稱性。（就 R 而言，R 是個不變量，就 X 和 Y 來看，兩數值從畢氏定理就能推知。）

因此牛頓的方程組能保持這種對稱性，也就是說，當地球在繞日軌道上運行時，地球和太陽之間的重力都保持相等。當我們的參考座標系改變了，定律依然固定不變。不論我們是從哪個定向來審視問題，規則並不改變，得出的結果也都相同。

　　我們討論統一場論的時候，還會一再遇上這種對稱性概念。事實上，我們會見到，對稱性是我們統一所有自然力的最有力工具之一。

牛頓定律的驗證確認

　　往後幾個世紀，許多能驗證牛頓定律的結果紛紛被人發現，而且它們為科學和社會都帶來了十分深遠的影響。十九世紀期間，天文學家注意到天界有種古怪異象。天王星偏離了牛頓定律的預測結果。它的軌道略微晃動，並不是個理想的橢圓。要嘛就是牛頓的定律帶有瑕疵，不然就是還有個尚未發現的行星，而且它的重力不斷拉扯天王星的軌道。基於對牛頓定律的高度信任，奧本・勒維耶（Urban Le Verrier）等物理學家不厭其煩投入計算，設法求出這顆神祕行星的可能位置。到了一八四六年，就在第一次嘗試時，天文學家發

現了這顆行星，而且偏離預測位置不到一度。新行星命名為海王星。這是牛頓定律的一次威力展示，也是史上第一次動用純數學來檢測主要天體的所在位置。

前面我們也曾提到，每當科學家解譯出宇宙四種基本作用力當中的一種之時，這不只是披露了自然之密，同時也革新了社會本身。牛頓的定律不只是破解了行星和彗星之密，它們還奠定基礎並醞釀出了力學定律，也就是我們如今用來設計摩天大樓、動力引擎、噴射機、火車、橋梁、潛水艇和火箭的理論模型。舉例來說，一八〇〇年時，物理學家運用牛頓定律來解釋熱的本質。在那時候，科學家推測熱是某種散布物質各處的液體。然而更深入探究卻表明，熱其實是運動狀況下的分子，就像纖小鋼珠不斷彼此互撞。牛頓的定律讓我們得以精確計算出，兩顆鋼珠如何互撞並各自彈開。接下來，添上了億兆又億兆的分子，我們就可以算出熱的明確特性。（好比當某艙室內氣體受熱，根據牛頓定律，由於熱會提高該艙室內分子的速度，於是氣體就會膨脹。）

接著工程師就能使用這些計算結果，製造出完美的蒸汽機。他們可以算出需要多少煤炭，來把水轉換成蒸氣，而這就可以用來推動齒輪、活塞、輪子和槓桿來推動機器。隨著蒸汽機在一八〇〇年代問世，一個勞工手頭能夠運用的能

量，便竄升到好幾百匹馬力。突然之間，鋼軌把世界各處偏遠地帶連接起來，並大幅提增了商品、知識和人員的流動。

工業革命之前，商品都是由小規模專有行會的熟練工匠創造出來，就連最簡單的家居用品，也得靠他們苦幹創作完成。他們還審慎地守護他們手藝的機密，因此，商品往往很稀少又昂貴。蒸汽機和它所促成的強大機器問世之後，商品就能以原始成本的微小比例打製成形，大大提增了國家集體財富，並提高了我們的生活水平。

當我向前程遠大的工科學生講授牛頓定律之時，我總設法強調，這些定律並不是區區枯燥乏味的方程式，它們改變了現代文明的進程，創造出我們在身邊周遭所見的財富和繁榮。甚至有時候我們還給學生觀看一九四〇年的華盛頓州塔科馬海峽吊橋（Tacoma Narrows Bridge）坍塌慘禍，那次事件經攝製成影片記錄下來。而這起驚人事例便驗證了誤用牛頓定律會發生什麼狀況。

牛頓的定律以天上的物理學和地球上的物理學的統一為根柢，幫忙推動了技術方面的第一次偉大革命。

電和磁的奧祕

接下來還得經過兩百年，下一場重大突破才會出現，歸功於對電學和磁學的研究。

古人早已知道，磁力是可以馴服的；中國人發明了指南針，從而得以駕馭磁的威力，也協助促成一段發現時代的到來。不過古人害怕電的力量，閃電被認為是眾神發怒的表示。

最後是法拉第為這個領域奠定了基礎，那位勤奮的貧窮年輕人並沒有受過任何正式教育。童年時期他就在倫敦皇家研究所（Royal Institution in London）找到了一份助理的工作。通常像他這種社會地位低下的人，只能一輩子負責掃地、清洗瓶子並躲藏在暗處。不過這個年輕人卻是孜孜不倦又喜好發問，於是他的主管便容許他執行實驗。

法拉第後來還會繼續鑽研電學和磁學，並成就其中幾項最偉大的發現。他證明，若是你拿一塊磁體在線圈裡面移動，則線路就會發出電力。這是一項奇妙的重要觀察成果，因為當時對於電和磁之間的關係還一無所知。我們還能驗證反面現象，移動的電場可以生成磁場。

法拉第逐漸明白，這兩種現象其實是一體兩面。這項簡

單的見解，後來就會協助開啟電力時代，期間並會出現巨大的水力發電水壩，產生動力來照亮整座城市。（就水力發電水壩的情況，河水推動輪子並轉動一塊磁體，接著這就推動電線裡面的電子，發出電力送往你家的插座。反面的作用是把電場轉變為磁場，而這也正是你的真空吸塵器的運作原理。牆上插座導入的電力促使磁體旋轉，驅動泵並產生吸力，同時也促使真空吸塵器的滾輪開始旋轉。）

然而法拉第並沒有受過正規教育，數學根柢不夠深厚，沒辦法描述他的出色發現。結果他在筆記簿上描繪出一幅幅奇特圖解，勾勒出力線模樣，看來就像鐵屑在磁體周圍排出的那種線條網絡。他還發明了「場」（field）的概念，那是整個物理學界最重要的概念之一。場是由這種遍布空間的力線所構成。所有磁體四周都環繞著磁力線，地球的磁場從北極發出，分布整個空間，接著繞回南極。就連牛頓的重力理論也能用場來表示，因此地球之所以繞日運行，是由於它在太陽的重力場中移動所致。

法拉第的發現有助於解釋地球周圍磁場的起源。由於地球會自轉，它的內部電荷也跟著自旋。地球內部的這種常態運動，就是醞釀出地球磁場的起因。（不過這裡仍有個謎團懸而未決：磁體裡面並沒有任何東西運行或自旋，那麼它的

磁場又是怎麼來的？稍後我們還會回頭討論箇中奧祕。如今宇宙間的所有已知作用力，全都能以法拉第率先引入的場的語言來表示。

由於法拉第對於電力時代的啟動做出了巨大貢獻，物理學家歐內斯特‧拉塞福（Ernest Rutherford）形容他是「史上最偉大的科學發現者」。

法拉第還是個反常的人，至少就他那個時代來講，因為他總喜愛和民眾，甚至與小孩子接觸。他的耶誕講座（Christmas Lectures）十分出名，發表時他總是邀請大家到倫敦皇家研究所來聽講，親眼見識電學魔法炫目演出。他進入一間大房間，四壁覆蓋金屬箔（如今這就稱之為法拉第籠〔Faraday cage〕），接著就對它發出電擊。儘管金屬明顯受了電擊，他依然毫髮無傷，這是由於電場向外分布到房間的整個表面，於是室內的電場依然為零。如今，這種作用一般都用來屏蔽微波爐和精密裝置，讓它們不受雜散電場的影響，或者用來保護飛行時經常遭閃電擊中的噴射機。舉個親身經歷，有次我主持《科學頻道》（Science Channel）的一個節目時，我踏進一座設於波士頓科學博物館（Boston Museum of Science）的法拉第籠，高達兩百萬伏特的猛烈閃電轟擊籠子，發出震耳欲聾的爆裂聲響充斥講堂，而我卻完

全沒有感覺。

馬克士威的方程式

　　牛頓已經證明，物體運動是由於它們受力推動所致，而且這還能以微積分來予以描述。法拉第表明，電力流動是由於它受場推動所致。然而場的研究必須仰賴數學的一個新的分支，而這是到了後來才由劍橋數學家馬克士威條理編纂完成，並稱之為向量微積分（vector calculus）。所以當初克卜勒和伽利略為牛頓物理學奠定基礎，相同道理，法拉第則為馬克士威的方程式鋪設了坦途。

　　馬克士威是位數學大師，為物理學開創了驚人突破。他意識到，法拉第和其他人所發現的電與磁的行為，能以明確的數學語言概括描述。一項定律指明，運動的磁場會生成電場。另一項定律則指明反面的情況，運動的電場會生成磁場。

　　接著馬克士威想出了一個千古好點子。若是變動電場生成一個磁場，接著生成另一個電場，接著又生成另一個磁場，並依此類推呢？他得出一個出色洞見，推想這種快速往復運動的最終產物就是種移動波，其中電場和磁場不斷相互

轉換。這種無窮變換序列有它自己的生命，並生成一種振動電、磁場的移動波。

他使用向量微積分求出這種移動波的波速，並發現結果達到每秒 310,740 公里。他大受震撼，不敢相信。這個波速在實驗誤差範圍內和光速異常接近（如今已知光速為每秒 299,792 公里）。接著他又大膽踏出另一步，宣稱這就是光！光是種電磁波。

接著馬克士威如預言般寫道，「我們恐怕免不了要做出一種推斷，亦即光是同一介質中由電和磁現象導致的橫向波動。」[3]

今天，所有物理學學人和電機工程師，全都得記住馬克士威的方程式。它們是電視機、雷射、發動機和發電機等設施的基礎。

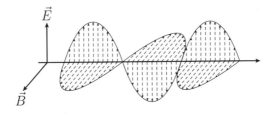

圖 3：電場和磁場是相同現象的一體兩面。振盪電場和磁場彼此相互轉換，並像波一樣運動。光是電磁波的一種具體展現。

法拉第和馬克士威把電和磁統一起來。這種統一的關鍵在於對稱性。馬克士威的方程式包含的對稱性叫做「對偶性」（duality）。若光束中的電性以 E 來表示，而磁場則以 B 來表示，這時把 E 和 B 對調，電和磁的方程式依然保持不變。這種對偶性意味著，電和磁是同一種力的兩種具體展現，所以 E 和 B 之間的對稱性讓我們得以統一電和磁，從而開創出十九世紀最偉大突破之一。

物理學家對這項發現深自著迷。懸賞高掛，任何人只要能實際在實驗室中產生出這種馬克士威波動，都能得到柏林獎（Berlin Prize）。隨後是在一八八六年，物理學家海因里希・赫茲（Heinrich Hertz）完成了這項歷史性測試。

首先，赫茲在他的實驗室一角發出一陣電氣火花。接著在幾英呎遠處，安置了一組線圈。赫茲證明，只要啟動電花，他就能使線圈生成電流，從而證明一種新的神祕波動，以無線方式從一處向另一處傳播。這預示了一種新型態現象就要現身，稱為無線電。一八九四年，古勒葉謨・馬可尼（Guglielmo Marconi）向公眾介紹了這種新的通訊型式。他證明，你能發送無線信息以光速跨越大西洋。

無線電導入之後，如今我們就能以無線方式，超快速又便捷地進行長距離通信。從歷史上看，沒有快速又可靠的通

信系統是歷史進步的重大障礙之一。（公元前四九〇年，希臘人和波斯人打了一場馬拉松戰役〔Battle of Marathon〕，仗打完了，一位可憐的使者竭力奔跑把希臘戰勝的消息傳遞出去。他事前已經跑了兩百三十六公里前往斯巴達，戰勝後又跑了四十二公里前往雅典報捷，隨後相傳他當下就力竭死去。他在電信時代來臨之前的英勇舉止，到如今則是以現代馬拉松來紀念表揚。）

如今我們理所當然地認為，能量能以眾多方式轉換，藉助這項事實，我們自然可以毫不費力地把信息和資訊傳遍全球。舉例來說，使用行動電話講話時，你的聲音的能量，便在一片振動膜片中轉換為機械能。那種膜片附著於一塊磁體，而那塊磁體則是仰賴可互換的電與磁來產生出一股電脈衝，也就是能被傳輸並由電腦讀取的那種脈衝。接著這種電脈衝就被轉譯為電磁波，並由附近的微波塔台接收。信息在那裡經過放大並傳送到全球。

然而馬克士威的方程式，並不只是讓我們能夠以幾乎即時的方式，經由無線電、手機和光纖電纜來溝通信息，它們還為我們開啟了全新的電磁波譜，其中的可見光和無線電波，只是那裡面的兩個成員。牛頓在一六六〇年代已經證明，讓白光射過稜鏡，就可以把它分解成彩虹的色彩。到了

一八○○年，威廉・赫雪爾（William Herschel）對自己提了個簡單的問題：彩虹色從紅到紫，此外還有什麼色彩？他拿來一塊稜鏡，稜鏡在他的實驗室裡產生一道彩虹，接著他拿一支溫度計，擺在紅色底下，那裡完全沒有顏色。結果讓他很驚訝，這片空白區域的溫度開始提增。換句話說，紅色底下還有個肉眼看不到，卻仍含有能量的「色彩」。那種色彩稱為紅外光。

如今我們已經知道，電磁輻射有個完整的波譜，其中多數是不可見的，而且各自具有不等波長。舉例來說，無線電

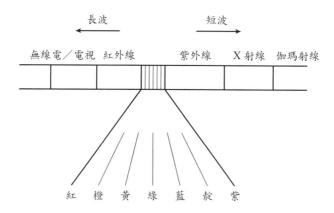

圖4：電磁波譜含括從無線電到伽瑪射線等輻射類型，其中多數的「色彩」都是我們的肉眼看不到的。受限於我們的視網膜中細胞尺寸，我們的眼睛只能看到完整電磁波譜當中的最纖小範圍。

和電視的波長超過可見光的波長。接著彩虹各色彩的波長，又超過紫外線和 X 射線的波長。

這也就表示，我們在周遭所見的現實，只是完整電磁波譜的最纖小範圍，遠更廣袤的電磁色彩天地的最小近似值。有些動物能看得比我們更多。好比蜜蜂就能看到紫外光，那是我們看不到的光，對蜜蜂卻是不可或缺的，因為它們得靠紫外光來找到太陽，就算在陰天也不例外。既然花朵演化出美麗的色彩，吸引蜜蜂一類昆蟲來為它們傳粉，這也就表示，當我們以紫外光來觀賞花朵，它們通常都還更為燦爛。

我小時侯讀到這點時，心中不禁納悶，為什麼我們只能看到電磁波譜的最細小部分。我心想，這實在浪費。不過現在我明白了，箇中原因在於，電磁波的波長，約略等於發射那種波的天線的尺寸。因此，你的行動電話大小之所以只有幾英吋，理由在於那就是天線的尺寸，而那也約略就是播送出的電磁波的波長。相同道理，你的視網膜所含一顆細胞的尺寸，約略就是你能看到的色彩的波長尺寸。因此我們只能見到波長等於我們的細胞尺寸的色彩。電磁波譜的其他所有色彩，要嘛就太大，不然就太小，我們的視網膜細胞感測不到，因此那些都是我們看不到的。所以倘若我們的眼睛的細胞大小仿如房子，那麼我們或許就能看到，種種無線電和微

波輻射在我們身邊盤繞。

相同道理，倘若我們的眼睛細胞大小仿如原子，那麼我們或許就能看到 X 射線。

馬克士威的方程式還另有一種應用方式，那就是如何以電磁能來為整顆行星提供動力。油和煤都必須靠船隻或火車來輸運跨越遙遠距離，電能就能以電線來傳輸，只須撥動開關，就能為一座座城市供電。

接下來，這就釀成了托馬斯・愛迪生（Thomas Edison）和尼古拉・特斯拉（Nikola Tesla）這兩位電氣時代巨人之間的著名爭端。愛迪生是開創許多電氣發明的天才，包括：電燈泡、電影、留聲機、股票報價帶（ticker tape），以及其他好幾百種奇巧事物。他還是最早為街道鋪設電線的人，就本例而言是曼哈頓商業區的珍珠街（Pearl Street）。

這孕育出了技術史上的第二場大革命，電氣時代。

愛迪生假定直流電是傳輸電力的最佳方式。（直流電的縮略寫成 DC，始終朝向相同方向傳輸，而且電壓永遠固定不變。）至於特斯拉則不看好直流電動力，他曾經在愛迪生手下工作，協助為今天的電信網絡打下基礎，不過他倡導使用交流電動力。（交流電的縮略寫成 AC，這種電會逆轉方向，每秒約變動六十次。）這就掀起了著名的電流戰爭，巨

型公司撥出數百萬資本分別投注競爭的技術，其中通用電氣（General Electric，即奇異公司）支持愛迪生，而西屋電氣（Westinghouse）則支持特斯拉。電氣革命的未來，端看誰在這場衝突取勝，愛迪生的直流電，或者特斯拉的交流電。

　　儘管愛迪生是電力背後的幕後智囊，也是打造現代世界的建築師之一，然而他並沒有完全理解馬克士威的方程式。這會釀成一項非常昂貴的錯誤。事實上，他對懂得太多數學的科學家嗤之以鼻。（在一段著名的故事中，他經常要來找工作的科學家計算燈泡的容積。然後他會對著那些科學家微笑，看著他們設法使用高等數學，細密計算燈泡形狀，接著求出它的容積。隨後，愛迪生就只是把水倒進一個中空的燈泡，然後把水倒進刻度量杯。）

　　工程師知道，倘若電線以低電壓來傳輸電力，跨越許多里程之後，就會損失大量能量，然而這就是愛迪生倡導的做法。所以從經濟角度考量，特斯拉的高電壓動力線是比較好的選擇，不過高電壓電纜太危險了，不能直接導入你的客廳。關鍵在於使用高效能高電壓電纜來把發電廠的電力傳送到你的都市，接著在進入你的客廳之前，再設法把高電壓轉換成低電壓。關鍵在於使用變壓器。

　　我們還記得，馬克士威證明移動的磁場會生成電流，反

之亦然。這讓你得以打造出能夠迅速改變電線內電壓的變壓器。舉例來說，從發電廠延伸過來的電纜的電壓有可能高達好幾千伏特。不過位於你屋子外側近處的變壓器，可以把那種電壓降低到一百一十伏特，於是這就可以輕易推動你的微波爐和電冰箱。

倘若這些場都是靜態的，並不改變，那麼它們就不能彼此轉變互換。由於交流電不斷改變，這種電流很容易就能被轉換成磁場，接著又變回電場，不過這時電壓就比較低了，意思是交流電可以很容易地使用變壓器來改變電壓；至於直流電就不行了，這是由於它的電壓保持固定，並不改變所致。

到最後，愛迪生輸了這場戰役，也喪失了他投注於直流輸電技術的鉅額資金。這就是漠視馬克士威方程式的代價。

科學的終結？

除了解釋自然之謎，帶來經濟繁榮新時代之外，牛頓的方程式和馬克士威的方程式綜合起來，還為我們帶來了一種非常令人信服的萬有理論。或者起碼含括當時所知萬象之萬有理論。

到了一九〇〇年，科學家提出了「科學的終結」主張。因此，前個世紀之交，是個很令人振奮的時期。能被發現的都已經被發現了，或者說，看來像是這樣。

當時的物理學家並沒有意識到，科學的兩大支柱，牛頓方程式和馬克士威方程式，實際上是不相容的。雙方彼此矛盾。

這兩大支柱當中有一支必須倒下，而且關鍵就掌握在一位十六歲男孩的手中。馬克士威死於一八七九年，同一年，那個男孩也出生了。

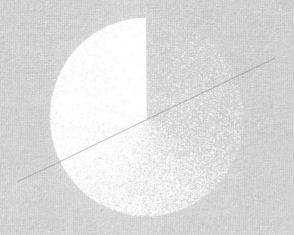

第二章

愛因斯坦對統一的探求

青少年時期，愛因斯坦對自己提出一個問題，後來這就改變了二十世紀的進程。他自問道：

你能不能跑贏光束？

多年以後，他就會寫道，這道簡單的問題，就包含了他的相對論的關鍵要點。

早年他曾讀過一本兒童讀物，那是阿隆·伯恩斯坦（Aaron David Bernstein）的《自然科學大眾讀本》（*Popular Books on Natural Science*），裡面要你想像自己沿著一條電報線賽跑。不過愛因斯坦則是設想沿著一道光束奔跑，那道光束看來應該就像凍結了。他想，當你和光束齊頭並進，光波應該就是靜止不動，牛頓或許就會這樣預測。

不過就算身為一個十六歲的男孩，愛因斯坦依然明白，之前從來沒有人見過凍結的光束。這裡缺了個什麼東西。他會在往後十年推敲這道問題。

不幸的是，許多人都認為他的表現差勁。儘管他是個出色的學生，他的教授都憎惡他那種百無禁忌、放蕩不羈的生活風格。由於他已經熟知大半教材，因此他經常蹺課，教授的推薦信都不寫什麼好話；每次他求職，總是遭回絕。他沒

有工作，不得已之下，找了個家教職，結果他和雇主爭吵，還是被解僱了。有次他甚至考慮賣保險來養活他的女友和孩子。（你能不能想像，有一天開門卻看到愛因斯坦努力向你推銷保險？）他找不到工作，認定自己是個敗家子。他在一封信中沮喪寫道，「我完全就是我親人的負擔……若是我根本沒有活過，情況肯定還比較好。」[1]

最後他終於在伯恩（Bern）專利局找到個三等職員的工作。這很丟臉，實際上卻是因禍得福。在專利局的安靜環境下，愛因斯坦得以回頭思索從童年起就讓他揮之不去的那道老問題。從那裡他會掀起一場革命，徹底顛覆了物理學和全世界。

他在著名的瑞士聯邦理工學院（位於蘇黎世的 ETH）就讀時曾經接觸過馬克士威的光學方程式。他自問，倘若你以光速移動，這時馬克士威的方程式會發生什麼事情？結果之前竟然沒有人問過那道問題。愛因斯坦使用馬克士威的理論，計算在火車一類移動物體裡面，光束是以什麼速率來傳播。依他預期，根據在外側靜止不動的觀察者的視角，光束的速率應該就是它的尋常速率加上火車的車速。根據牛頓力學，速度是完全可以累加的。舉例來說，倘若你搭火車時丟出一顆棒球，靜止不動的觀察者就會說，那顆棒球的球速就

是火車車速加上那顆球與火車的相對速率。相同道理，速度也可以相減。所以，倘若你和一道光束齊頭並進，它看來就應該是靜止不動的。

結果讓他大吃一驚，他發現，光束完全沒有凍結，而是以相等速度飛竄離去。不過他認為，這是不可能的。根據牛頓所見，只要移動得夠快，你總是可以追趕上任何東西。那是種常識。然而馬克士威的方程式卻說，你永遠追趕不上光，而且不論你的移行速率有多高，光始終是以相等速度移動。

就愛因斯坦而言，這項洞見重要之極。要嘛牛頓對了，不然就是馬克士威對了。另一個肯定是錯的。不過你怎麼會永遠追趕不上光？他在專利局有充裕時間來推敲這道問題。到了一九〇五年的一個春日，他在伯恩搭火車時猛然想出了一個點子。後來他便回顧表示，「一場風暴在我心中脫韁爆發了」[2]。

他得出真知灼見，體認到既然光速是以時鐘和儀器來測定，又因為光速是個常數，不論你移動得多快，它都保持固定，空間和時間肯定會被扭曲，這樣才能讓光速保持恆定！

這就表示，倘若你搭乘一艘高速運行的太空船，那麼船上的時鐘就會比地球上的時鐘走得慢。你移動得愈快，時間就走得愈慢 —— 這種現象在愛因斯坦的狹義相對論中已有描

述。所以「現在幾點？」的問題，就取決於你這一向移動得多快。倘若火箭船是以近光速飛行，而且我們是在地面使用望遠鏡來觀察它，那麼火箭船上的每個人，看來都是以慢動作來移動。還有，船上的所有事項也似乎都被壓縮了。最後，火箭船上的所有事物都變得更重。令人驚訝的是，就火箭船上的某人看來，一切事項都顯得很正常。

愛因斯坦後來就會回顧表示，「我虧欠馬克士威多過虧欠其他任何人。[3]如今，這項實驗已經可以時常進行了。倘若你在飛機上擺放一台原子鐘，並拿它來與擺在地表的時鐘做比較，你就會看到，飛機上的時鐘速率減慢了（很微小的比率，只達到兆分之一）。

不過倘若空間和時間可以改變，那麼你所能測量的一切事物，肯定也會改變，包括物質和能量。而且你移動得愈快，體重也就變得愈重。不過那額外的質量是從哪裡來的？那是來自動能。這就表示，部分動能已經轉換成質量了。

物質和能量的確切關係為 $E = mc^2$。稍後我們就會見到，這則方程式解答了整個科學界最深奧的問題之一：太陽為什麼發光？太陽發光是由於當你在高溫下壓縮氫原子時，氫的部分質量就被轉換成能量。

理解宇宙的關鍵是統一。就相對論來講，這就是空間和

時間、物質和能量的統一。不過這種統一是如何辦到的？

對稱與美

　　就詩人與藝術家而言，美是種空靈的審美品質，能引發強烈的情感和激情。

　　對物理學家來講，美是對稱。方程式很美是由於它們有種對稱性，也就是說，若是你把它的組成元件重新排列或者重新組構，方程式依然保持相同。經過這種變換，結果是不變的。想想萬花筒，它是以一批隨機彩色造形還有鏡子共組而成，產生出眾多副本，接著把這些影像對稱列置成圈。所以原本混亂的一些事物，由於對稱性而突然變得井然有序又美麗。

　　相同道理，雪花之所以美麗是由於，倘若我們把它旋轉六十度，它依然保持固定不變。球體甚至還更對稱。你可以環繞球心旋轉任意角度，結果那顆球看來依然一模一樣。對物理學家來說，倘若我們重新排列一則方程式裡面的粒子和元件，然後發現結果並不改變，那則方程式就很美 —— 換句話說，倘若我們發現它的各部件之間存有對稱性，則它就很美。有次數學家 G. H. 哈代（G. H. Hardy）曾寫道，「數學

家的模式就像畫家的或者詩人的模式，也必然是美的；理念就像色彩或文字，也必須以和諧的方式組合在一起。美是第一項測試；醜陋的數學在世界上沒有永久的立足之地。」[4] 而那種美就是對稱。

　　前面我們見到，倘若你拿牛頓的重力來說明地球如何繞行太陽，則地球軌道的半徑就是恆定的。座標 X 和 Y 會改變，不過 R 則是固定不變。這也可以類推到三個維度。

　　想像在地球表面就定位，你的位置是以三個維度來界定：X、Y 和 Z 是你的座標（見圖 5）。當你沿著地球的

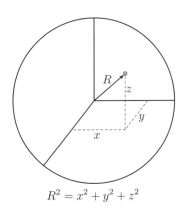

$$R^2 = x^2 + y^2 + z^2$$

圖 5：當你在地球表面四處徘徊，地球的半徑 R 是個常數，一個不變量，至於你的座標 X、Y 和 Z 就會不斷改變互換。所以，三維度畢氏定理就是這種對稱性的數學表達式。

表面前往任何地方，地球的半徑 R 始終保持不變，且其中 $R^2 = X^2 + Y^2 + Z^2$。這是三個維度版本的畢氏定理。[5]

現在，倘若我們採用愛因斯坦的方程式，接著就把空間旋轉為時間，時間旋轉為空間，則方程式依然保持不變。這就表示，這時三個空間維度也就與時間維度（T）結合起來，而時間維度也就成為第四個維度。愛因斯坦證明，$X^2 + Y^2 + Z^2 - T^2$ 數值保持固定，其中時間是以某特定單位來表示，這就是畢氏定理的四維度修改版本。（請注意，時間座標多了個負號。這就表示，儘管在四維度旋轉時，相對性是固定不變的，[6] 時間維度與其他三個空間維度的處裡方式則略有不同。）因此，愛因斯坦的方程式在四個維度上是對稱的。

馬克士威的方程式起初是在一八六一年（美國內戰開始的那年）左右寫成。我們曾在前面指出，那組方程式具有一種能讓電場和磁場轉變互換的對稱性。不過馬克士威的方程式還擁有一項隱藏的對稱性。假使我們在四個維度改變馬克士威的方程式，讓 X、Y、Z 和 T 對調互換，就如同愛因斯坦在一九一〇年的做法，則它們依然保持不變。這就表示，要不是物理學家被牛頓物理學的成功給蒙蔽了，相對論很可能在美國內戰時期早就被人發現了！

把重力當成彎曲空間

　　儘管愛因斯坦證明，空間、時間、物質和能量，全都是更宏大的四維度對稱性的一部分，他的方程式依然存有一個很明顯的缺憾：它們完全沒提到重力和加速度相關事項。他很不滿意。他希望把他的早期理論（他稱之為狹義相對論）進一步擴展類推，把重力和加速度運動納入，創造出一個更強大的廣義相對論。

　　然而，他的同行物理學家馬克斯・普朗克（Max Planck）警告他，要擬出結合相對性和重力的理論是多麼困難。他說明，「身為朋友，我必須告誡反對這樣做。因為首先，你不會成功，而且就算你成功了，也不會有人相信你。」[7] 不過接著他又補上一句話，「倘若你成功了，你就會被稱為下一個哥白尼。」

　　就任何物理學家看來，牛頓的重力理論和愛因斯坦的理論顯而易見是相互矛盾的。倘若太陽突然消失無蹤，那麼愛因斯坦宣稱，地球要相隔八分鐘之後，才會察覺它不見了。牛頓著名的重力方程式並沒有提到光速，因此重力是瞬間傳播的，這違反了相對論，因此太陽消失所造成的影響，地球應該會立刻感受到。

愛因斯坦揣摩光的問題花了十年光陰，從他十六歲到二十六歲。接下來十年，直到他三十六歲之時，他都專注在研擬重力理論。這整個難題的關鍵，在他後仰躺靠椅子時出現，那天他向後靠時差點翻倒。在那短暫瞬間，他意識到了，假使他翻倒了，他就會失重。他就在那時領悟到，這或許就是一項重力理論的關鍵。他後來曾很開心地回顧表示，這是「他畢生最快樂的思想。」

伽利略意識到，假使你從建築物摔下來，你會一時失重，不過只有愛因斯坦才明瞭，如何運用這項事實來揭發重力的祕密。想像一下，當你待在電梯裡面的時候，吊纜被切斷，這時你就會下墜，不過電梯地板也以相等速率下墜，所以你在電梯裡面就會開始漂浮，彷彿沒有重力似的（起碼直到電梯撞擊地面）。在電梯裡面，重力被下墜電梯的加速度給完全抵銷了；這就稱為等效原理（equivalence principle），也就是在一個座標系中的加速度和另一個座標系中的重力是無法區辨的。

當我們的太空人上了太空，在電視上看來，他們似乎都沒有重量，不過這並不是由於在太空中重力消失了。整個太陽系中，有許許多多的重力，原因是他們的火箭的下墜速率，正好等於他們的下墜速率。就像牛頓想像的從山頂發射

的虛擬砲彈，他們和他們的座艙都環繞地球自由下墜，所以在太空船內，他們呈無重狀態是種視覺錯覺，這是由於所有事物，包括你的身體和太空船本身，全都以相等速率下墜。

接著愛因斯坦把它應用於兒童旋轉木馬裝置。根據相對論，你移動得愈快，由於空間壓縮，你也隨之變得愈扁平。當裝置轉動時，外圈馬匹移動得比內圈的快。而這也就表示，由於相對性對空間與時間所造成的作用，也由於外圈移動得較快，因此外圈的收縮程度便超過內圈。不過當旋轉木馬逼近光速，地板也就扭曲了。它不再只是個平坦圓盤。它的外圈收縮，中心區則保持固定，於是表面就彎曲像隻倒扣的碗。

現在想像，你嘗試在旋轉木馬的彎曲地板上行走 —— 你沒辦法走直線。起初你或許會認為，有種無形無影的力想把你拋開，那是因為表面翹曲或者彎曲了。所以騎乘旋轉木馬的人會說，有種離心力把所有東西都推開脫離。不過就外界的人來講，那裡完全沒有外力，只有地板的曲率。

愛因斯坦把這一切都結合在一起。促使你從旋轉木馬跌落的力，其實是旋轉木馬的翹曲現象所引起的。你所感受到的離心力，就相當於重力 —— 也就是說，那是種虛構的力，因為你身處一個加速座標系所致。**換句話說，一個座標系內**

的加速度和另一個座標系內的重力作用是一模一樣的，這是肇因於空間彎曲所致。

現在把旋轉木馬換成太陽系。地球環繞太陽運轉，因此我們世人就會有種錯覺，認為太陽對地球施加一種引力，稱為重力。然而對於太陽系外的眾生看來，他們完全看不到任何力；他們會觀察到，地球周圍的空間是彎曲的，因此是虛無空間推動地球，讓它環繞太陽兜圈子。

愛因斯坦有個很高明的見識，他看出重力引力其實是種錯覺。物體並不是由於它們受重力或者離心力牽引才移動，而是由於它們是被它周圍的空間彎曲現象推動所致。**這點有必要重複一遍：不是因為重力拉動，而是空間推動所致。**

有次莎士比亞曾表示，全世界就是個舞台，而我們都是分別登上、退出舞台的演員；這就是牛頓所勾勒的寫照。世界是靜態的，我們服從牛頓的定律，在這片平坦表面上移動。

不過愛因斯坦放棄了這幅寫照。他說，舞台是彎曲的、翹曲的；若是你在那上面走路，那你就沒辦法沿著直線行走，你會不斷被推走，因為你腳下的地面是彎曲的，而你也就像醉漢一般地蹣跚行進。

重力引力是種錯覺。舉例來說，現在你或許正坐在椅子

上讀這本書。正常情況下你會說，重力把你向下拉上你的座椅，所以你才不會飛上天空。不過愛因斯坦卻會說，你能坐在你的椅子上，是由於地球的質量翹曲你頭頂上方的空間，就是這種翹曲現象把你推進你的椅子。

　　想像在一張大床墊上擺了一顆沉重的鉛球。鉛球壓凹床舖，導致床舖出現翹曲。倘若你順著床墊彈出一顆彈珠，它就會沿著一條曲線移動。事實上，它會繞著鉛球凹陷處兜圈子。從遠方觀看，一位觀察者有可能說，有種無形無影的力拉動那顆彈珠，迫使它繞軌運行。不過仔細端詳你就會看

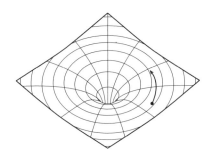

圖 6：沉重鉛球擺上床墊並壓凹布料。一顆彈珠環繞鉛球。從遠方觀察，看來就有一股力從鉛球伸出抓住彈珠，並迫使它環繞鉛球運轉。事實上，彈珠之所以環繞鉛球運轉，是由於床墊是翹曲的。相同道理，太陽的重力翹曲遠星發出的星光，這種現象可以在日食期間以望遠鏡來測量。

出，根本沒有看不見的力。彈珠並不是沿著直線移動，由於床墊是彎曲的，於是最直接的路線就是個橢圓。

現在把彈珠換上地球，鉛球換上太陽，並把床墊換上時空。於是我們就會看到，地球之所以環繞太陽運轉，是由於太陽翹曲它周圍的空間，於是讓地球在裡面運行的空間，並不是平坦的。

還有設想在一張蹂皺的紙張上移動的螞蟻。它們沒辦法順著直線移動。它們或許會覺得有某種力不斷拉扯它們。然而在我們看來，我們低頭觀察螞蟻時就會看出，根本沒有什麼力。這就是愛因斯坦所稱的廣義相對論所得出的洞見：時空受沉重質量影響翹曲，也引發重力錯覺。

這就表示廣義相對論遠比狹義相對論的威力更強大，也遠更為對稱，因為它是用來描述重力，而重力影響時空中的萬事萬物。就另一方面，狹義相對論只適用於在空間和時間裡面沿著直線運動的物體。然而在我們的宇宙中，幾乎萬物全都加速。從賽車到直升機到火箭，我們看到它們全都加速。廣義相對論適用於在所有時空定點都不斷改變的加速度現象。

日食和重力

任何理論不論多美，最終都必須面對實驗驗證。所以愛因斯坦抓住了幾項可能的實驗。首先是水星的古怪軌道。計算它的軌道時，天文學家發現了一種輕微反常的現象。水星並沒有依循牛頓方程式的預測，沿著理想的橢圓運行，而是稍微擺盪，形成了一種狀似花朵的圖案。

為了保護牛頓定律，天文學家斷定有一顆新的行星，位於水星軌道內側，稱為祝融星（Vulcan）。祝融星的重力會拉扯水星，導致它偏離軌道。前面我們看到，這種策略促使天文學家發現了海王星。然而就祝融星的情況，天文學家卻完全找不到任何可觀測的證據。

於是愛因斯坦使用他的重力理論來重新計算水星的近日點（perihelion），也就是水星最接近太陽的定點，最後他發現，結果略微偏離了牛頓定律，與他自己的計算得數則是完全一致相符，讓他欣喜若狂。他發現了水星軌道和理想橢圓的偏差為每世紀 42.9 秒弧，這完全在實驗結果之內。後來他就會開心地回顧道：「好幾天來，我都振奮不能自已。我最大膽的夢想如今業已成真。」[8]

他還意識到，根據他的理論，光應該受太陽影響而偏斜

轉向。

愛因斯坦意識到,太陽的重力會強大得足夠彎曲附近恆星發出的星光。由於這些恆星只能在日食期間觀看得到,愛因斯坦便提議派出遠征隊,前往考察一九一九年日食,來檢定他的理論。(天文學家必須拍攝兩張夜空照片,一張是沒有太陽的時候,另一張則是在日食期間拍攝。比較兩幅照片,由於太陽重力影響,日食期間的恆星位置必然會移動。)他很肯定他的理論會通過驗證確認。當他被人問起,倘若實驗證明他的理論不正確,到時他會怎麼想,他答道,那麼肯定是上帝犯了錯。他深信他是正確的,他寫信給他的同行表示,因為它有極高度數學之美和對稱性。

當這項史詩般的實驗終於由天文學家亞瑟‧愛丁頓(Arthur Eddington)著手執行,愛因斯坦的預測和實際結果表現出驚人的一致性。(如今,重力所致星光彎曲現象經常被天文學家拿來運用。當星光從遙遠星系附近通過,光線就會被折彎,模樣就像透鏡彎曲光線。這就稱為重力透鏡或愛因斯坦透鏡。)

後來愛因斯坦贏得一九二一年的諾貝爾獎。

他很快就成為地球上最受人稱頌的人物之一,知名度甚至超過電影明星和政治人物。(一九三三年時,他在一場電

影首映會上與查理·卓別林〔Charlie Chaplin〕一起出席。當民眾簇擁要求簽名，愛因斯坦詢問卓別林，「這一切有什麼意義嗎？」卓別林答道，「沒有，完全沒有。」接著他又說，「他們為我歡呼是因為所有人都懂我。他們為你歡呼是因為沒有人懂你。」）

當然了，一項理論要顛覆擁有兩百五十年歷史的牛頓物理學，也會遭受激烈的批評。領導這場抨擊的懷疑論者之一是哥倫比亞大學教授查爾斯·普爾（Charles Lane Poor）。普爾讀了相對論之後，怒氣沖沖地表示，「我覺得自己好像在綠野仙蹤幻境徘徊，和瘋帽客一起喝茶。」[9]

不過普朗克始終都為愛因斯坦緩頰。他後來寫道，「一項新的科學真理能夠成功，並不是靠著說服對手讓他們恍然大悟，而是由於對手終於死去，熟悉新真理的新生代長大了。」[10]

幾十年間，相對論遭逢眾多挑戰，不過每次愛因斯坦的理論都通過考驗。事實上，我們在後續各章篇幅就會看到，愛因斯坦的相對論，重新塑造了整個物理學門，徹底革新了我們對宇宙、它的起源和它的演變的觀點，也改變了我們的生活方式。

採用一種簡單的方法就能確認愛因斯坦的相對論，那就

是使用你的手機上的 GPS 系統。GPS 系統是以三十一顆環繞地球運行的人造衛星所組成。不論任何時候，你的手機都能收到其中三顆的信號。那三顆衛星各自以略微不同的軌跡和角度運行。接著你的手機裡面的電腦分析這筆來自三顆衛星的數據，並以三角測量法來判定你的精確位置。

GPS 系統十分精準，必須把狹義和廣義相對論納入考量，進行細微校正。

由於衛星是以每小時兩萬七千多公里速度運行，根據狹義相對論，GPS 衛星上的時鐘的運轉速率，會比地表的時鐘走得稍慢一些，因為理論說明，較高速會讓時間走得較慢——這種現象已經由愛因斯坦的超越光速臆想實驗論證確認。不過當你愈深入外太空，重力就愈弱，則根據廣義相對論，時間其實會走得稍快一些，因為理論說明，時空會受到重力引力影響而翹曲——重力引力愈弱，時間就走得愈快。這就表示，狹義和廣義相對性是朝反向運作，狹義相對性導致信號減緩，而廣義相對性則導致信號加速。接著你的手機把彼此抗衡的兩項因素納入考量，並告訴你，你現在的精確位置。所以假使狹義相對論和廣義相對論沒有協同工作，那麼你就會迷路。

牛頓和愛因斯坦：兩極對立

愛因斯坦被譽為下一個牛頓，不過愛因斯坦和牛頓在性格上卻截然相反。牛頓是個孤僻的人，沉默寡言到了反社會的程度。他沒有終生朋友，沒辦法進行日常交談。

物理學家傑瑞米·伯恩斯坦（Jeremy Bernstein）曾說，「凡是曾經與愛因斯坦深入接觸的人，全都會湧現強烈無比的感受，深自景仰那個人的崇高性情。關於他有個一再出現的形容詞，那就是『人道主義者』—— 指稱他的性格中那種單純、可愛的特質。」[11]

不過牛頓和愛因斯坦也有若干共同的關鍵特質。第一項是能集中專注凝聚大量心神的能力。牛頓專注解答一道問題時，會廢寢忘食好幾天。他會在談話到一半時停口，利用手邊事物開始書寫塗鴉，有時是條餐巾，也可能是一堵牆面。同樣地，愛因斯坦也可能專注尋思一道問題好幾年，甚至幾十年。甚至在研擬廣義理論時，他還差點崩潰。

他們的另一項共通特質是以圖像視覺來檢視問題的能力。儘管牛頓也可以完全用代數符號來寫出《原理》一書，結果他那部傑作依然滿滿都是幾何圖解。使用微積分抽象符號相對比較容易；然而要從三角形和正方形推導出來，那

就只有大師才辦得到。同樣地，愛因斯坦的理論也充滿了火車、米尺和時鐘的圖示。

尋覓統一理論

到最後，愛因斯坦研擬出了兩套重要理論。第一套是狹義相對論，規範光速和時空的特性。它導入了一種以四維度旋轉為本的對稱性。第二套是廣義相對論，其中重力展現為時空的彎曲現象。

不過在開創兩項劃時代成就之後，他還試圖爭取第三項更偉大的成果。他想要擬出一項能統一宇宙間所有力，完整納入單一方程式的理論。他想要使用場論的語言，來研擬出一項能把馬克士威的電磁理論和他自己的重力論結合起來的方程式。他投入數十年光陰，嘗試統一雙方，結果失敗了。（其實法拉第是率先提出將重力與電磁統一的第一人。法拉第曾經前往倫敦橋拋下磁體，希望找出重力對磁體的某種可測定的影響作用。他什麼都沒有發現。）

愛因斯坦之所以失敗，一項理由是，在一九二〇年代，我們對於世界的認識，還有個巨大的斷層。這得需要一項新的理論（量子理論）成就種種進展，物理學家才會意識到，

這道謎題還有個缺失的元件：核力。

　　不過，儘管他是量子理論的創建人之一，很諷刺的是，愛因斯坦卻會成為量子的最大敵手。他會發動對量子理論的批評聲浪。幾十年來，那項理論挺住了所有實驗挑戰，還為我們的日常生活和工作場所，帶來了形形色色奇妙的電氣用品。然而，稍後我們就會見到，他對量子論深遠、微妙的哲學異議，即便到現在依舊迴盪不絕。

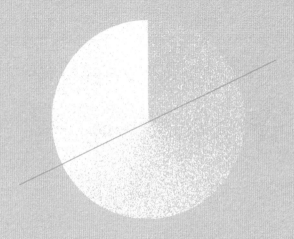

第三章

量子崛起

儘管愛因斯坦是以空間和時間、物質和能量為本，隻手開創出他的壯闊新理論，物理學上的另一項平行發展，則逐步解開了一道古老的問題：物質是以什麼構成的？後來這就會催生出下一項偉大的物理學理論——量子理論。

　　完成他的重力論之後，牛頓接著執行了許多鍊金術實驗，嘗試認識物質的本質。有人推斷，他的抑鬱陣陣發作，是由於他使用汞來做實驗所致。汞是已知會引致神經症狀的毒物。然而，當時就物質相關基本特性仍幾無所知，再者，從那群早期鍊金術士的研究成果，也沒學到什麼知識，況且他們的時間和精力，還大半都投入嘗試把鉛轉化成金。

　　後來是歷經了好幾個世紀，才緩慢揭發物質的祕密。到了一八〇〇年代，化學家開始發現並分離出自然的基本元素——接著又發現，這些元素不能分解成任何更單純的成分。物理學的某些驚人進展多是數學開創的成果，而化學的突破性成果，則主要都出自在實驗室辛勤苦幹許多小時的收穫。

　　一八六九年，迪米崔・門得列夫（Dmitry Mendeleyev）作了個夢，夢中自然界所有元素全都列入一幅表格。他醒來時，很快就動手把所有已知元素排列成一幅規律表格，結果顯示元素帶有一種模式。突然之間，從化學的混亂局面，湧現了秩序和可預測性。當時所知的六十種左右元素，全都可

以排進這張簡單的表格，不過其中仍有間隙，而且門得列夫也得以預測這些缺失元素的特性。當這些元素一如預期，在實驗室中真正被人發現，門得列夫的名聲也就此蓋棺論定。

不過為什麼元素可以排列成這樣的規律模式？

下一項發展發生在一八九八年，瑪麗和皮耶·居禮（Marie and Pierre Curie）分離出了一系列新的不安定元素，都是前所未見的種類。在完全沒有動力源頭的情況下，實驗室中的鐳依然發出燦爛的輝光，這違背了物理學一項備受珍視的原則——能量守恆（能量永遠不能創造出來或者被摧毀）。這些鐳所發出射線的能量似乎是無中生有，顯然有必要擬出一項新的理論。

在那之前，化學家相信物質的基本原料，元素是永恆存續的，像氫或氧這類元素，都是永遠保持安定的。然而，化學家在實驗室中可以看出，像鐳這樣的元素都會衰變並化為其他元素，而且在這過程當中釋出輻射。這些不安定元素的衰變速率有多高，也是可能計算得知的，測得結果是以數千年或甚至數十億年來計算。居禮夫婦的發現，有助於解決一項歷時久遠的爭論。爭議的一方是地質學家，他們驚訝地發現，岩石是以冰川步調形成，由此推知，地球肯定有幾十億年的歷史了。然而維多利亞時期的古典物理學巨擘之一，克

耳文勳爵（Lord Kelvin）卻計算顯示，熔融的地球能在幾百萬年期間冷卻降溫。誰才對？

事實證明，地質學家對了。克耳文勳爵並不知道，有種新的自然力，也就是居禮夫婦發現的那種號稱「核力」的作用力，能為地球增添熱量。由於放射性衰變有可能延續數十億年之久，這就表示地球的核心有可能因為鈾、釷和其他放射性元素的衰變而受熱增溫。所以駭人的地震、雷鳴火山，以及緩慢碾磨的大陸飄移所滋生的龐大威力，全都產生自核力。

一九一〇年，拉塞福把一塊發出輝光的鐳擺進一個鉛盒，盒子上有個微小的開孔。一道細小的輻射射束從那個開孔發射出來，瞄準一片細薄的金片。料想金原子會吸收輻射。結果讓他震驚，鐳發出的輻射束直接穿過薄片，彷彿它並不在那裡。

這種結果令人訝異：這就表示原子大半都是中空空間構成的。我們有時候會對學生做這樣的示範：我們拿一塊無害的鈾擺在他們手心，接著在下方安置一台能偵測輻射的蓋革計數器。學生聽到蓋革計數器滴答作響，都感到很吃驚，因為他們的身體竟然是中空的。

一九〇〇年代早期，原子標準圖像是葡萄乾派餅模型，

也就是說，原子就像荷正電的派餅，裡面零星散落電子葡萄乾。接著，一幅完全不同的原子新圖像逐漸開始浮現。原子基本上是中空的，其組成包括中央一顆緻密的纖小核心，稱為原子核，還有一批電子在周圍繞核運轉。拉塞福的實驗協助證明了這點，因為他的放射束偶爾也會撞上原子核中緊緻堆疊的粒子並偏轉方向。藉由分析個數、頻率和偏轉角度，他就能夠估計出那種原子的核心尺寸。結果發現，核心大小是原子本身的十萬分之一。

後來科學家斷定原子核的組成成分是還要更纖小的次原子粒子：（荷正電的）質子和（不帶電的）中子。看來只需要動用三種次原子粒子：電子、質子和中子，就可以製作出門得列夫表。不過這些粒子服從哪項方程式？

量子革命

在此同時，一項能夠解釋這所有神祕發現的新理論誕生了。那項理論最後就會掀起一場革命，挑戰我們對宇宙所知的一切。它稱為量子力學。不過量子到底是什麼，還有它為什麼那麼重要呢？

量子誕生於一九○○年，德國物理學家馬克斯·普朗克

（Max Planck）就是在那時對自己提出一項簡單的問題：物體在高熱時為什麼發光？人類在幾千年前最早駕馭火之時，他們注意到，高熱物體會發光，並散放出某些特定色彩。幾個世紀以來，陶匠早都知道，物體達到幾千度高溫時，它們就會改變顏色，從紅色到黃色再到藍色。（只需點燃火柴或蠟燭，你就可以親眼見識這點。最底部的火焰最熱，色彩大概偏藍。中央部分帶黃色，頂部則溫度最低，那裡的火焰帶了紅色。）

不過當物理學家試行把牛頓和馬克士威的研究應用於原子，著手計算這種效應（稱為黑體輻射〔blackbody radiation〕）之時，他們卻發現，這裡出了個問題。（黑體是能把落在它上面的所有輻射完全吸收的物體。名稱冠上黑字，是由於黑色能吸收所有的光。）根據牛頓，當原子變熱，它們就振動得更快。根據馬克士威，接下來振動電荷就以光的型式發出電磁輻射。不過當他們計算從高熱、振動原子發出的輻射時，結果卻不符預期。當頻率低時，這個模型與資料還相當一致。不過當頻率很高時，到最後光的能量就應該變成無限大，這太荒謬了。就物理學家而言，無限大完全就是方程式不靈光的跡象，表示出現了他們不明白的現象。

接著普朗克提出了一項看似無關宏旨的假設。他假定能量並非如牛頓理論所述那般連續的、平滑的，而是呈現一種離散的封包樣式，他稱之為量子（quanta）。當他調整這些封包的能量，結果發現他能精確複製出從高溫物體輻射出來的能量。物體愈熱，輻射出的頻率也就愈高，並與光譜上的不同色彩呼應。

這就是為什麼當火焰溫度升高時，它的色彩就會從紅轉變成藍。這也就是為什麼我們能夠知道太陽的溫度。你第一次聽說太陽表面的溫度約為五千攝氏度，或許你會感到納悶：我們是怎麼知道的？從來沒有人拿著溫度計到太陽那裡。不過根據太陽發出的光的波長，我們就能知道太陽的溫度。

接著普朗克算出這些光能封包（或就是量子）的尺寸，並以一個很小的常數 h 來予測度，這個「普朗克常數」（Planck's constant）等於 6.6×10^{-34} 爾格－秒。（當初普朗克是以手動調節這些封包的能量，直到他能夠讓得數與資料完全相符，於是才得出這個數值。）

倘若我們讓普朗克常數逐漸逼近於零，量子理論的所有方程式都會轉變成牛頓的方程式。（這就表示，當我們手動設定普朗克常數為零，次原子粒子那種經常違背常識的古怪

行為，就會逐漸轉變成為我們熟悉的牛頓運動定律。）這就是為什麼我們在日常生活很少看到量子效應。

就我們的感官看來，世界似乎非常向牛頓樣式偏斜，因為普朗克常數是非常小的數值，而且只影響次原子層級的宇宙。

這些微小的量子效應稱為量子校正（*quantum corrections*），而且有些物理學家還投入終身嘗試計算校正值。一九〇五年，也就是愛因斯坦發現狹義相對論的那同一年，他應用量子理論來解釋光，並表明光不只是種波，同時也表現出類似能量封包的舉止，這種能量封包也就是種粒子，稱為光子。因此光顯然有兩種面向：一種是如馬克士威預測的波，還有一種是普朗克和愛因斯坦預測的粒子或光子。於是一種新的光粒子就這樣出現了。光是光子組成的，光子是量子，或就是粒子，然而每個光子都會在它周圍產生場（電場和磁場）。接著這些場都被塑造成類似波的相貌，而且服從馬克士威的方程式。於是，粒子和環繞粒子的場之間，也就存有一種漂亮的關係。

倘若光有兩個面向，既是粒子也是波，那麼電子也有這種怪異的對偶性嗎？這是下一個合理的步驟，而且它會帶來最深遠的影響，撼動現代物理學的世界和文明本身。

電子波

　　物理學家接下來的發現，卻讓他們大吃一驚，他們發現，一度被認為是堅硬、點狀粒子的電子，也可能表現出類似波的舉止。舉個例子來說明這點，拿兩張紙平行擺放，一張位於另一張後方。你在第一張紙上鑽出兩個開孔，接著朝紙張發射電子束。一般來講你會預期在第二張紙上找到兩個定點，也就是電子束擊中的位置。要嘛電子束就會穿過第一個開孔，不然就是第二個。不會是同時穿越兩個。這完全就是常識。

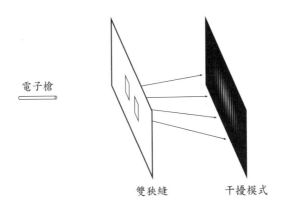

電子槍

雙狹縫　　　　　干擾模式

圖 7：穿過雙狹縫的電子會表現出仿若波的舉止，也就是説，它們會在另一側相互干擾，就好像它們是同時穿越兩個開孔，這在牛頓物理學是不可能的，卻正是量子力學的基礎。

然而當實驗實際進行時，第二張紙上的定點，卻呈現一種垂直線帶列置模式，這就是波相互干擾時會發生的現象。（下次你洗澡時，在兩處位置同步輕柔撥動水面，你就會看到這種干擾模式，並在你眼前呈現類似蜘蛛網的網絡。）

　　不過這就表示，從某種意義上來說，電子是同時穿越兩個開孔。矛盾就出在這裡：一個點狀粒子，電子，怎麼可能干擾它本身，彷彿它是行進穿越了兩個分離的開孔？還有，其他電子相關實驗也表明，它們在其他場合會消失又重新出現，而這在牛頓世界裡面是不可能的。倘若普朗克的常數要大得多，影響及於一個人尺寸的事物，那麼世界就會變成一個離奇無從辨認的地方。物體會消失又在另一個位置重新出現，甚至還可能在兩處位置同時出現。

　　儘管看來並不可行，量子理論卻開始取得出色成果。一九二五年，奧地利物理學家薛丁格寫下他的著名方程式，精確描述了這些粒子波的動態。拿方程式應用於氫原子時，就一顆電子繞行一顆質子的情況，所產生的結果便與實驗高度吻合。薛丁格原子所見電子層級，與實驗結果完全相符。事實上，整張門得列夫表，基本上都可以闡釋為薛丁格方程式的一種解。

解釋週期表

　　量子力學開創的出色成果當中，有一項就是它解釋物質、原子和分子的基礎建材的能力。根據薛丁格，電子是環繞微小原子核的一種波。我們在圖8看到，為什麼只有具特定離散波長的波，才能繞行原子核。具有整數波長的波，

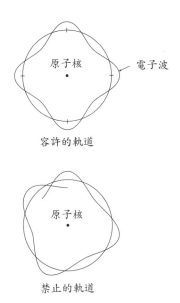

圖8：唯有具特定波長的電子，才能匹配納入原子，也就是說，軌道必須是電子波長的整倍數。這就迫使電子波在原子核周圍形成分離的殼層。有關電子如何填入這些殼層的細部分析，有助於解釋門得列夫的週期表。

都能一致相符。然而不具有整數波長的波，就沒辦法完整翹曲繞行原子核。它們是不安定的，沒辦法形成安定的原子。這就表示電子只能在特定殼層運轉。當我們和原子核相隔愈遠，這種基本模式仍會自行重現；隨著電子數量增多，外環也跟著移動偏離核心愈遠。你移動得愈遠，電子也就愈多。接著這就能解釋，為什麼門得列夫表包括了自行反覆出現的規律離散層級，其中每個層級都模仿它底下的殼層的行為。

　　當你淋浴唱歌時就會察覺這種效應。只有特定的離散頻率，或者波長，才會從牆上回彈並放大振幅，至於其他的就不相符而且會被抵銷，這就和電子波環繞原子核心的情況相仿：只有特定離散頻率才有用。

　　這項突破基本上便改變了物理學的進程。某一年，物理學家在描述原子時，完全被難住了。到了下一年，有了薛丁格的方程式，他們就能計算出原子本身內部所具有的特性。我有時會教研究生量子力學，而且我嘗試以一項事實來讓他們留下深刻印象，那就是從某層意義來講，他們周遭的一切事物，都可以表達為他的方程式的一種解。我向他們提到，這不單只是能用來解釋原子，還包括原子如何彼此束縛來形成分子，也因此連同組成我們整個宇宙的化學物質，也都能這樣來解釋。

不論薛丁格方程式的威力是多麼強大，它依然有其限制。它只在低速度情況下才能運用，也就是說，它是不具相對性的。薛丁格方程式完全不談光速還有狹義相對性，也不談電子如何經由馬克士威方程式來與光互動等相關事項。它也缺了愛因斯坦理論的優美對稱性，而且相當醜陋，也很難做數學處理。

狄拉克電子理論

然後，一位二十五歲的物理學家，保羅·狄拉克（Paul Dirac），決定寫出一則將空間和時間合併，並能遵循愛因斯坦狹義相對論的波方程式。薛丁格方程式有些地方不夠優雅，其中一處是它把空間和時間分開考量，也因此計算起來往往相當煩冗又費時。至於狄拉克的方程式就能結合兩者，而且具備一種四維對稱性，所以它也是很美、很緻密又很優雅的。原始薛丁格方程式的所有醜陋數項，全都崩解形成一則很單純的四維方程式。

（記得我高中時曾拚命嘗試學習薛丁格方程式，並竭盡心力來應付它裡面那所有醜陋的數項。當時我想，自然怎麼可能這般不懷好意，產生出這麼笨拙的波方程式？接著有一

天，我偶然發現了狄拉克方程式，並發現它是那麼美麗又那麼縝密，我記得自己當時不禁哭了起來。）

狄拉克方程式是一項了不起的成功。前面我們看到，法拉第已經證明，線圈的移動電場會產生磁場。不過，條形磁體並沒有任何移動的電荷，那麼它的磁場又是怎麼來的？這似乎完全就是個不解之謎。不過，根據狄拉克方程式，我們預測電子會自旋，而這就能生成它自己的磁場。電子的這種特質從一開始就建立在數學當中。（然而，這種自旋並不是我們在身邊見到的那種熟悉的陀螺儀的那種自旋，而是狄拉克方程式中，數學說法的自旋。）自旋生成的磁場，與在電子周圍實際見到的場完全吻合。接著這就能幫助解釋磁的起源。那麼磁體的磁場是從哪裡來的？它是出自困陷金屬內部的電子的自旋。後來發現，所有次原子粒子都有自旋。到後續篇章，我們還會回頭討論這項重要的概念。

此外還更重要的是，狄拉克方程式預測了一種出乎意料之外的新的物質型式，稱為反物質（antimatter）。反物質就像普通物質，也服從相同的定律，只除了它帶了相反的電荷。所以「反電子」便不帶負電，而是帶了正電，因此它稱為正電子（positron）。原則上，我們是有可能以反電子環繞反質子和反中子，創造出反原子。不過當物質和反物質互

撞，它們就會爆成一團能量。（反物質會成為一種萬有理論的關鍵成分，這是因為那種最終理論的所有粒子，都必然具有一種反粒子對應物質。）

先前物理學家總認為，對稱是種賞心悅目的特性，然而就任何理論而言，它都不是不可或缺的層面。如今物理學家面對對稱性的力量左右為難，遲疑是否真能用它來預測料想不到的全新物理現象（好比反物質和電子自旋）。物理學家這才開始理解，對稱性是宇宙基礎層級的一種不可迴避的關鍵特徵。

是誰在波動？

不過仍有一些令人困擾的問題。倘若電子具有波狀特性，那麼是什麼東西在擾動波所棲身的媒介？是誰在波動？還有它怎麼能同時穿越兩個不同的開孔？一顆電子怎麼可能在相同時間出現在兩個不同的位置？

答案令人駭異不敢置信，還把物理學界從中央裂解成兩個陣營。根據馬克斯・玻恩（Max Born）的一九二六年論文，「**波動的是在該定點找到一顆電子的機率**」。換句話

說，你不能確切地得知，一顆電子究竟是在哪處定點。你所能知道的，就只是在那裡找到它的機率。這點已經由海森堡在他的著名測不準原理當中予以闡述，那項原理說明，你不可能明確得知一顆電子的速度和位置。換句話說，「**電子是粒子，不過在任意給定位置找到那顆粒子的機率，則是由一則波函數來給定。**」

這項理念是一顆震撼彈。這就表示你沒辦法預測未來。你只能預測某些事情發生的概率。不過量子理論的成功是不可否認的事實。愛因斯坦便曾寫道，「量子理論愈成功，它看來就愈顯得愚蠢。」就連最新導入電子波概念的薛丁格，也排斥這種就他本人所提方程式的機率詮釋。就連到了今天，有關波理論的哲學意含方面，物理學界依然眾說紛紜，爭議不斷。你該怎樣在同一時間待在兩個不同地方？諾貝爾獎得主理查・費曼（Richard Feynman）曾說，「我想我可以很保險地說，沒有人了解量子力學。」[1]

自牛頓以來，物理學家都相信一種號稱決定論（determinism）的哲理，認為所有未來事項都能準確預測。自然定律決定宇宙間所有事物的運動，使它們井然有序並可預測。就牛頓來講，整個宇宙就是個時鐘，以精確可預測的方式節奏跳動。假使你知道宇宙間所有粒子的位置和速度，

那麼你就能夠推斷出所有未來事件。

當然了，預測未來始終都是凡人的一種癡迷。莎士比亞便在《馬克白》（*Macbeth*）劇中寫道，

倘若你能探究時間的種子
還能指明哪顆會成長，哪顆不會，
那麼，就告訴我。

根據牛頓物理學，預測哪種穀物能生長，哪種則不能，是有可能辦到的。多少世紀以來，這種觀點在物理學界普遍流傳。因此不確定性是種異端，並從根本核心撼動了現代物理學。

學界巨擘的對壘

這場爭辯的一方是從一開始就幫忙掀起量子革命的愛因斯坦和薛丁格。另一方則是新的量子理論的兩位創建人，尼爾斯‧波耳（Niels Bohr）和海森堡。論戰在一九三〇年的一場歷史性會議上達到最高峰，那是在布魯塞爾舉辦的第六次索爾維會議（Solvay Conference）。那場爭議會延續許

多歲月，期間物理學界巨擘為爭辯現實本身的意義而正面對壘。

保羅‧埃倫費斯特（Paul Ehrenfest）後來便寫道，「我永遠忘不了雙方敵對陣營離開大學社團時的那幅景象。權威人物愛因斯坦帶著一抹嘲諷的微笑平靜地走，波耳心煩意亂在他身旁疾行。」[2] 有人聽到波耳在廊道沮喪地喃喃自語，口中只反覆吐出一個名字，「愛因斯坦……愛因斯坦……愛因斯坦。」

愛因斯坦帶頭攻擊，向量子理論提出一項又一項異議，著手嘗試披露它是多麼荒謬。不過波耳成功地逐一反駁愛因斯坦的批評。當愛因斯坦不斷反覆表示，上帝不和宇宙玩骰子，據說波耳回應，「別再指使上帝該做什麼。」

普林斯頓物理學家約翰‧惠勒表示，「據我所知，那是知識史上最偉大的辯論，三十年來，我從來沒有聽說有哪兩位更偉人的人物，針對關於我們這處奇怪世界的認識方面，就層次更深而且影響也更深遠的議題，進行延續更長時期的辯論。」[3]

歷史學家在很大程度上多半同意，波耳和量子叛逆分子贏得了這場辯論。

不過，愛因斯坦仍然成功披露了量子力學基礎上的一些

破綻。愛因斯坦表明,那是一尊崇高的巨像,卻矗立在虛軟的哲學根基上頭。甚至到了今天,這些批評仍有耳聞,而且它們全都集中在一隻貓身上。

薛丁格的貓

薛丁格設計了一個簡單的臆想實驗,以此來披露這道問題的精髓。把一隻貓擺進一個密封的箱子裡。拿一塊鈾擺進箱子。當鈾射出次原子粒子,粒子就會觸動一具蓋革計數器,從而擊發一把槍枝,射出子彈打中那隻貓。問題在於:那隻貓是死是活?

由於發出鈾原子完全是種量子事件,這就表示你必須以量子力學的說法來描述那隻貓。就海森堡看來,在你開啟箱子之前,那隻貓是存在於不同量子態的一種混雜狀態,也就是說,那隻貓是兩種波的總和。一種波描述的是一隻死貓,另一種波描述的是一隻活貓;那隻貓既不是死的,也不是活的,而是兩種狀態的混合。要想得知那隻貓是死是活,唯一的辦法就是開箱觀察;這時波函數就會塌縮化為一隻死貓或活貓。換句話說,「觀察(這必須具有意識才行)決定存在。」

就愛因斯坦而論，這一切都很荒謬可笑。就像柏克萊主教（Bishop Berkeley）的哲理，他問道：若森林中倒了一棵樹，卻沒有人聽到那陣聲音，那麼樹木倒下發不發出聲音？唯我論者會說不發出聲音。然而量子理論卻還更糟糕。它說，倘若林中有樹，卻沒有人在附近，那棵樹的存在，就是眾多不同狀態的總和態，比方說，一棵燒毀的樹，一棵樹苗或者柴木、夾板木等等。唯有當你檢視樹木，它的波才會神奇地塌縮並化為一棵普通的樹。

　　當訪客來愛因斯坦的住處探視，他就會問他們，「月亮是不是因為有隻老鼠看著它，所以它才存在？」不過無論量子理論如何違反常識，總是有一件事情對它有利：實驗結果都發現它是對的。量子理論的預測，向來都能通過驗證，準確至小數點十一位數，讓它成為有史以來最準確的理論。

　　不論如何，愛因斯坦仍會坦承，量子理論包含至少部分事實。一九二九年時，他甚至還舉薦薛丁格和海森堡競逐諾貝爾物理學獎。

　　就算到了今天，有關那隻貓的問題，物理學界依然沒有達成普遍共識。（波耳所提耳熟能詳的哥本哈根詮釋認為，唯有當觀察導致那隻貓的波塌縮之時，真正的貓才會出現，不過這套說法已經不再為人青睞，部分是肇因於自

奈米科技問世以來，如今我們已經能操控個別原子來執行這類實驗所致。目前比較為人歡迎的說法是多重宇宙詮釋〔multiverse interpretation〕或者多世界詮釋〔many worlds interpretation〕，其中宇宙從中分裂，一半包含一隻死貓，另一半包含一隻活貓。）

量子理論成功之後，[4]一九三〇年代的物理學家接著就把眼光轉向一個新的獎項，用來解答一道古老的問題：為什麼太陽會發光。

來自太陽的能量

從古早古早以前開始，世界上的偉大宗教都景仰頌揚太陽，把它擺在他們的神話的中心位置。太陽是主宰上天的強大神明之一。在希臘人看來，祂是太陽神海利歐斯（Helios），每天都浩浩蕩蕩駕著祂的熾烈火戰車橫越天際，照亮世界並賦予生命。阿茲特克人、埃及人和印度人，全都各有他們自己版本的太陽神。

不過在文藝復興時期，有些科學家嘗試透過物理學透鏡來檢視太陽。倘若太陽是由木料或油品所構成，那麼它恐怕早就燒光它的燃料。還有倘若外太空浩瀚幅員都沒有空氣，

那麼太陽的火焰也早就熄滅了。所以太陽的永恆能量是個謎團。

一八四二年時，一項重大問題高懸，挑戰全世界的科學家。法國哲學家奧古斯特・孔德（Auguste Comte）── 實證主義（positivism）哲學創始人 ── 聲稱，科學的確具有強大的威力，能披露宇宙的許多隱密，然而有一件事情科學永遠無法企及，就連最偉大的科學家，都永遠無法回答這道問題：行星和太陽是以什麼材料構成的？

這是一項很合理的挑戰，因為科學的礎石是可測試性。所有科學發現全都必須能在實驗室中複製並做檢定，然而情況顯而易見，我們不可能採集太陽原料裝瓶帶回地球。因此，這道問題的答案，我們是永遠沒辦法得到了。

諷刺的是，就在孔德寫出他的《實證哲學》（The Positive Philosophy），並在書中提出他的這項主張，卻有物理學家克服了那項挑戰，「太陽主要都是氫」。

孔德犯了個小錯，不過那卻是個關鍵。是的，科學必須是可以驗證的，不過就如我們已經確立的事項，科學其實是間接完成的。

約瑟夫・馮・夫朗和斐（Joseph von Fraunhofer）是個十九世紀科學家，他設計出了他那個時代最精確，也最準確的

光譜儀（spectrograph）來回應孔德所述。（使用光譜儀時首先得將物質加熱，直到開始發出黑體輻射光芒。接著讓發出的光射過稜鏡，產生出一道彩虹。色彩頻帶裡面有些暗線，這些暗線是由於電子在軌道之間進行量子躍遷，釋出、吸收特定數額的能量才生成的。由於各種元素都會生成它本身特有的色帶，於是個別頻帶也就像指紋，讓你得以判定，這種物質是以什麼材料構成的。光譜儀還破解了眾多罪行，因為它能辨識犯人腳印上的泥巴是從哪裡來的，或者毒物所含毒素的本質，或者顯微纖維和毛髮出自何方。光譜儀可以用來判定犯罪現場所有事物的化學組成，讓你得以重現刑事犯罪場景）。

藉由分析陽光色帶，夫朗和斐和其他人得以判定太陽主要是以氫構成。（奇特的是，物理學家還在太陽裡面發現了一種新穎的未知物質。他們稱之為氦，意思是「來自太陽的金屬。」所以氦其實最早是發現於太陽，而不是在地球上找到的。後來，科學家才明白，原來氦並不是金屬，而是種氣體。）

不過夫朗和斐還成就了另一項重要的發現。藉由分析恆星發出的光，他發現了它們都是以地球上的常見物質所構成的。這是一項影響深遠的發現，因為它顯示，物理定律不只

是在太陽系各處全都相同，在整個宇宙也一體適用。

　　一旦愛因斯坦的理論進入實用階段，像漢斯・貝特（Hans Bethe）等物理學家就把它們全都整合運用來判定太陽是燃燒什麼燃料。倘若太陽是氫構成的，它的龐大重力場就能壓縮氫直到質子融合，產生出氦和更高等級的元素。由於氦的重略輕於結合形成它的質子和中子，這就表示缺失的質量是依循愛因斯坦的公式 $E = mc^2$ 轉換成為能量。

量子力學和戰爭

　　就在物理學家針對量子理論令人費解的弔詭悖論相持爭辯之時，戰爭烏雲也在地平線上凝集。希特勒於一九三三年在德國掌權，一波波物理學家被迫逃離德國，有些被捕，另有些的下場還更慘。

　　有一天，薛丁格親眼見識納粹褐衫隊（衝鋒隊）騷擾無辜的猶太旁觀者和店主。他出面想制止他們，結果衝鋒隊員掉頭對付他並毆打他。最後有個隊員認出了他們毆打的人拿過諾貝爾物理學獎，於是他們才終於停手。薛丁格大受震撼，隨後很快就離開奧地利。德國最高明和最聰明的科學家，每天都聽到壓迫的消息，於是他們心生警覺，紛紛出國

離去。

　　量子理論之父普朗克處事向來圓滑，甚至還親自訴請希特勒制止德國科學家大量外放，因為這讓國家流失最好的人才。然而希特勒只是對著普朗克吼叫怒斥並譴責猶太人。隨後普朗克寫道，「那種人完全不可理喻。」（可悲的是，普朗克的兒子企圖刺殺希特勒，結果他遭受了殘暴凌虐，接著還被處死。）

　　幾十年間，愛因斯坦總被人問起，他的方程式能不能釋出鎖存在原子裡面的龐大能量。愛因斯坦總是回答不能，因為從一顆原子釋出的能量太小，不會有任何實際用途。

　　不過希特勒希望運用德國在科學上的優勢，來製造出世上前所未見的強大武器，恐怖的武器，好比 V-1 和 V-2 火箭，以及原子彈。畢竟，倘若太陽是由核能提供動力，那麼使用這相同動力來源，或許就有可能創造出某種超級武器。

　　有關於如何運用愛因斯坦方程式的關鍵洞見，出自物理學家利奧・西拉德（Leo Szilard）。德國物理學界已經表明，鈾原子受中子撞擊時，有可能分裂為兩半，並釋出更多的中子。單一鈾原子分裂釋出的能量極其渺小，不過西拉德明白，你可以藉由連鎖反應來把鈾原子的威力放大：分裂一顆鈾原子會釋出兩顆中子，接著這些中子就可以再裂變出另

兩顆鈾原子，並釋出四顆中子；接下來你就會擁有八顆、十六顆、三十二顆、六十四顆中子，並依此類推。換句話說，這就是分裂鈾原子數量的指數增加現象，最後就會產生出足夠夷平一座城市所需的能量。

突然之間，在索維爾會議上把物理學家撕裂成雙邊對壘陣營的晦澀討論，搖身變成一道攸關生死的問題，整個族群、國家和文明本身的命運，全都危如累卵。

當愛因斯坦得知，納粹就要在波希米亞取得含鈾瀝青鈾礦，這把他給嚇壞了。儘管本身是個和平主義者，愛因斯坦仍感到不能不寫封至關重要的信函給羅斯福總統，敦促美國製造原子彈。羅斯福後來便授權成立史上最大的科學計畫，即曼哈頓計畫（Manhattan Project）。

回到德國，號稱本星球上最頂尖量子物理學家的海森堡，奉派擔任納粹原子彈計畫負責人。根據某些歷史學家的說法，這讓美國中情局的前身，戰略情報局（OSS）深感恐慌，擔心海森堡打敗盟國領先製造出原子彈，於是他們策劃暗殺海森堡。一九四四年，曾經擔任布魯克林道奇隊捕手的謀・貝格（Moe Berg）受命執行那項任務。貝格前往蘇黎世聆聽海森堡的一場演說，他收到的命令是，倘若貝格認為，德國炸彈研究即將完成，他就可以下手殺死那位物理學家。

這段故事在尼古拉斯·達維多夫（Nicholas Dawidoff）的《捕手諜報員》（*The Catcher Was a Spy*）書中已有詳細闡述。

所幸，納粹炸彈計畫仍落後盟國研究成果一段相當距離。計畫資金不足，進度落後，而且基地還遭盟國轟炸。最重要的是，當時海森堡還沒有解決製造原子彈的一項關鍵問題：判定產生連鎖反應所需濃縮鈾或鈽的數量，這個數量稱為臨界質量。（實際數量約為二十磅鈾235，你可以把它擺在掌心托住。）戰後，全世界才開始慢慢得知，量子理論那組晦澀難解的方程式，不只是包含了原子物理學的關鍵，說不定還決定了人類種族本身的命運。

然而，物理學家開始慢慢回頭審視那道在戰前讓他們困惑難解的問題：如何建立完整的物質量子理論。

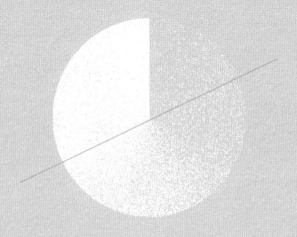

第四章

幾近萬有理論

戰後，愛因斯坦這位身分崇高的人物，這位破解了宇宙質能關係，還發現了恆星隱密的學界權威，發現自己隻身孤立。

　　物理學的晚近發展，幾乎全都在量子理論領域完成，而不是發生在統一場論。事實上，愛因斯坦便曾喟嘆表示，他在其他物理學家眼中只是個老古董。他的目標是要找到一種統一場論，多數物理學家都認為這太難了，尤其是核力依然完全神祕難解。

　　愛因斯坦評論表示，「大家一般都認為我是某種僵化的人物，歷經歲月變得看不見又聽不著。在我看來，這個角色也不會太引人反感，因為這和我的性格還相當吻合。」

　　以往愛因斯坦工作時都有個基本原理來引領研究。就狹義相對性，當 X、Y、Z 和 T 互換的時候，他的理論依然必須保持不變。就廣義相對性，那是等效原理，重力和加速度可以是等價的。然而投入尋覓萬有引力之時，愛因斯坦卻找不到任何指導原理。即便到了今天，當我遍尋愛因斯坦的筆記簿和計算結果，我能找到大量理念，卻沒有指導原理。他本人也了解，這會讓他的終極探尋無疾而終。有次他哀傷提出所見，「我認為，要取得真正的進步，我們必須再次從自然界揪出某種普遍的原理。

他始終沒有找到。有次愛因斯坦大膽表示，「上帝很難捉摸，但也不懷惡意。」到了晚年，他感到灰心喪志，並歸結認定，「我有另一種想法。說不定上帝是有惡意的。」

多數物理學家都漠視對統一場論的追尋，然而偶爾也會有人試行著手研擬這樣一種理論。

就連薛丁格也試過了。他謙遜地寫信給愛因斯坦，「你是在獵捕獅子，我則是在談兔子。」[1]無論如何，一九四七年時，薛丁格辦了一場記者招待會，宣布他的版本的統一場論。連愛爾蘭總理艾蒙・戴・瓦勒拉（Éamon de Valera）都出席了。薛丁格說道，「我相信我是對的。倘若我錯了，那我就會很難看，像個傻瓜。」[2]後來愛因斯坦就跟薛丁格說，他也考慮過這個理論，但發現那是不對的。此外，他的理論並不能解釋電子和原子的本質。

海森堡和沃夫岡・包立（Wolfgang Pauli）也揪出了這個錯誤，並且提出了他們的統一場論版本。包立是物理學界最憤世嫉俗，也最強力抨擊愛因斯坦計畫的人。他有一段很著名的說法，「上帝撕碎扯裂的事物，就別讓人把它湊攏，」意思是，若是上帝把宇宙的力給撕裂分離，那麼我們又算什麼，斗膽試行把它們重新逗攏？

一九五八年，包立在哥倫比亞大學發表演說，解釋海森

堡－包立統一場論，當時波耳也在場聆聽。包立講完之後，波耳起立說道，「我們坐在後面的人都相信你的理論瘋了。不過我們有一點紛歧，那就是你的理論夠不夠瘋。」[3]

這掀起了一場激烈討論，包立宣稱他的理論瘋得可以成立，其他人則說他的理論還不夠瘋。物理學家傑瑞米·伯恩斯坦也在現場聽講，他回顧表示，「這是現代物理學界兩位巨人的古怪相遇。我一直在想，倘若非物理學家來訪，不知道他們究竟會怎麼設想。」[4]

波耳說得對；包立提出的理論後來經過驗證是錯的。

不過波耳確實是無意間想到了很重要的事項。所有的簡明易懂的理論都已經由愛因斯坦和他的同仁嘗試過了，而且他們全都失敗了。所以，真正的統一場論，肯定是與前面所有途徑大相逕庭。必須「足夠瘋狂」才有資格成為真正的萬有理論。

量子電動力學

戰後時期的真正進步，表現在完成光與電子的量子理論發展上頭，這個成果稱為量子電動力學（quantum electrodynamics, QED）。目標是要把狄拉克的電子理論和

馬克士威的光理論結合起來，從而產生出一種光和電子的理論，而且理論必須服從量子力學和狹義相對論。（不過，能把狄拉克電子和廣義相對論結合起來的理論，在當時看來是太過困難了。）

回溯一九三〇年，羅伯特·歐本海默（Robert Oppenheimer）意識到一種令人深感不安的狀況。（後來製造原子彈的計畫，就是由歐本海默負責領導。）當我們試行描述電子如何與光子互動的量子理論，結果就會發現，量子校正實際上會背離正軌，產生出無用的無限大結果。量子校正原本應該是很小的 —— 那是幾十年來持續遵循的指導原則。所以單純把狄拉克電子方程式和馬克士威的光子理論兩相結合，就會出現一個根本上的瑕疵。這困擾了物理學家將近二十年。許多物理學家致力解答這項問題，卻一直沒有什麼進展。

最後是到了一九四九年，三名年輕物理學家各自獨力研究，分別破解了這道長年無解的問題，他們是美國的費曼和朱利安·施溫格（Julian Schwinger），以及日本的朝永振一郎。

他們大獲成功，得以計算出類似電子磁特性等事項，而且達到極高精準程度。不過他們完成計算的方式，卻引來爭

議，就算到了今天，依然讓物理學家感到不安、駭異。

他們從狄拉克方程式和馬克士威的方程式入手，其中電子的質量和電荷，都經給定了特定初始數值，分別稱為裸質量（bare mass）和裸電荷（bare charge）。接著他們計算出了裸質量和裸電荷的量子校正結果。這些量子校正都是無限大。這也就是歐本海默早些時候遇見的問題。

不過這裡出了個神奇魔法。倘若我們假定原始裸質量和裸電荷，實際上從一開始都是無限大，接著再計算無限大的量子校正，結果我們就會發現，這兩個無限數會彼此抵銷，最後得出的結果就會是個有限數！換句話說，無限大減無限大等於零！

這是個瘋狂的構想，不過這個點子有用。電子磁場的強度可以使用量子電動力學計算出來，而且可以達到出奇準確的程度，也就是千億分之一。

溫伯格指出，「這裡的理論與實驗數值之相符程度，或許是所有科學當中最令人印象深刻的事例。」[5] 這就彷彿計算出從洛杉磯到紐約的距離，誤差不到一根頭髮的直徑。施溫格對這點十分自豪，因此他在自己的墓碑上，刻上了這項結果的代表符號。

這個方法稱為重整化理論（renormalization theory）。然

而它所採用的程序卻很繁瑣、複雜又令人傷透腦筋。實做時貨真價實要精準計算好幾千個數項，而且它們全都必須精確地抵銷。只要在這部方程式厚書當中犯下最小的錯誤，就可能讓整個計算毀於一旦。（毫不誇張地說，有些物理學家花了一輩子時間來計算量子校正，使用重整化理論來達到多一個小數點位置。）

由於重整化程序十分艱困，就連從一開始就協助創建量子電動力學的狄拉克，也不喜歡它。狄拉克覺得，那似乎是完全人為的，就彷彿是拿遮羞布來掩蓋醜事。有一次他說道，「這根本不是明智的數學。如果是明智的數學，你略過某個數量，是由於你發現它很小所致，而不是因為由於數值無限大而你並不想要它，而忽略它！」[6]

實際上，能把愛因斯坦的狹義相對論以及馬克士威的電磁學結合起來的重整化理論，的確是醜陋之極。我們必須精熟一整套數學技倆，才有辦法抵銷成千上萬個數項。不過面對結果也沒有什麼好爭辯的。

量子革命的應用領域

接著這就為一批出色的發現鋪設了坦途，而這些也發現

催生出了史上第三大革命——高科技革命，包括電晶體和雷射，也因此協助開創出了現代世界。

拿電晶體來考量，這或許是過去百年來最關鍵的重大發明。電晶體以一套包含電信系統、電腦和網際網路的龐大網絡，催生出了資訊革命。電晶體基本上就是種負責控制電子流的柵極。設想一個閥門。只要稍微轉動閥門，我們就能控制管中水流。相同道理，電晶體就像個微小的電子閥門，它允許少量的電流通過，來控制導線中遠更強大的電子流。這樣一來就可以把微弱的信號放大。

同樣地，雷射這種史上用途最廣泛的光學裝置，也是量子理論的又一種副產品。要發出氣體雷射，首先要有一管氫氣和氦氣，接著把能量注入管中（施加一股電流）；這股突然施加的能量，會促使氣體中的無數電子躍遷到較高能階。然而，這股充能原子陣列並不安定。倘若一顆電子衰變到較低能階，它就會釋出一顆光子，撞擊鄰近一顆同樣能量高漲的原子。這就會導致第二顆原子衰變，釋出另一顆光子。量子力學預測，第二顆光子會與第一顆同步振動。這時就可以在管子任一端擺放反射鏡，來放大這股光子波濤。最後這個程序就會導致規模宏大的光子雪崩，全都在兩面鏡子之間往返同步振動並發出雷射光束。

如今到處都能見到雷射：食品雜貨店結帳櫃台、醫院、電腦、搖滾音樂會、太空中的衛星等。雷射光束不只能夠承載龐大數量的資訊，你還能用它來傳輸強得足夠燒穿多數物質的浩瀚規模能量。（顯然，雷射能量的唯一限制就是雷射發光材料的安定性和驅動雷射的能量。因此，只要使用適當的雷射發光物質和動力來源，原則上我們就能發出類似我們在科幻電影中看到的那種雷射光束。）

生命是什麼？

薛丁格是創制量子力學的關鍵人物。不過薛丁格對另一道科學問題也很感興趣，那道問題幾百年來都讓科學家沉迷不已又深感困擾：生命是什麼？量子力學能不能回答這個古老的謎團？他相信量子革命的一個副產物，會是認識生命起源的關鍵。

縱貫歷史，科學家和哲學家都相信，有某種生命力量為生物賦予生機。當神祕的靈魂進入身體，突然之間，它就變成生機蓬勃，有行動能力的人。許多人都相信某種稱為二元論（dualism）的說法，意思是物質軀體和精神靈魂共存。

不過薛丁格認為，生命編碼是隱藏在某種服從量子力學

定律的主要分子裡面。舉愛因斯坦作為例子，他把乙太從物理學掃地出門。同樣地，薛丁格也會嘗試把生命力從生物學掃地出門。一九四四年，他寫了一本開創性書籍，《生命是什麼？》（*What Is Life?*），對戰後新生代科學家產生了深遠的影響。薛丁格提議使用量子力學來回答這道有關生命的最古老問題。他在那本書中闡明，遺傳密碼以某種方式，從一個世代的生物轉移給下一個世代。他相信這種密碼並不是儲存在靈魂裡面，而是貯放在我們細胞的分子配置當中。他使用量子力學，從學理來構思這種神祕的成分會是什麼主要分子。不幸的是，一九四〇年代的分子生物學相關認識還不夠充分，不足以解答這道問題。

　　不過兩位科學家，詹姆斯・華生（James D. Watson）和弗朗西斯・克里克（Francis Crick）讀了這本書，而且深自迷上了這種主要分子的研究。華生和克里克意識到，這種分子太小了，我們不可能看見個別分子，也無法操控。這是由於可見光的波長遠大於個別分子。不過他們袖中藏有另一種量子技倆：X 射線晶體學。X 射線的波長可以和分子尺寸相提並論，所以只要以 X 射線朝晶體或者有機物質發射，X 射線就會向四面八方散射。不過散射模式會包含那種晶體的細部原子結構相關資訊。不同分子會產生出不同的 X 射線

模式。熟練的量子物理學家只要檢視散射照片，就能推測出原始分子的結構為何。所以，儘管你沒辦法看到分子本身，卻能破譯它的結構。

量子力學的威力十分強大，可以用來判定，不同原子是以哪個角度束縛在一起並構成分子。就像小孩子玩萬能工匠或樂高等組合玩具，接著我們就可以逐一組裝原子，串接逗攏來複製出複雜分子的實際結構。華生和克里克知道，DNA分子是細胞核的主要組成成分之一，因此那是個可能的目標。藉由分析羅莎琳·富蘭克林（Rosalind Franklin）拍攝的決定性 X 射線照片，他們得以歸出結論，確認 DNA 分子的結構是種雙螺旋。

華生和克里克發表了一篇論文，其重要性在二十世紀發表的論文當中名列前茅，文章論述兩人得以使用量子力學來破譯 DNA 分子的完整結構。那是一篇傑作。他們明確論證闡述了生物的基本歷程 —— 生殖 —— 能在分子層級予以複製。生命編寫在見於所有細胞的 DNA 股上頭。

這是一項重大突破，促使生物學聖杯 —— 人類基因組計畫（Human Genome Project）變得有可能企及，這項計畫為我們帶來一個人的 DNA 的完整原子描述。

誠如達爾文在上個世紀所做預測，如今我們已經有可能建構出地球生命的族譜樹，把所有生物或化石全都納入，成為這株族譜樹一個分支的成員。所有這一切，全都是量子力學的產物。

所以量子物理學定律的統一，不只是揭發了宇宙的機密，還統一了生命之樹。

核力

回顧當初愛因斯坦之所以無力完成他的統一場論，部分是由於他手中的拼圖少了一大塊 —— 核力。回溯至一九二〇年代和一九三〇年代，我們對這種力簡直是一無所知。

不過到了戰後時期，在量子電動力學驚人成功的鼓舞之下，物理學家把注意力轉移到了下一個亟待解決的問題 —— 應用量子理論來說明核力。這會是個困難的艱鉅使命，因為他們是從頭起步，必須動用全新的強大裝備，在這片未知領域找尋出路。

核力有兩種，強核力（strong nuclear force）和弱核力（weak nuclear force）。由於質子帶正電，也由於正電荷彼此相斥，正常情況下，原子的核心就有可能分崩離析。能把

原子核聚攏在一起，克服靜電排斥作用的就是核力。沒有了它們，我們這整個世界就會瓦解，化為一團次原子粒子雲霧。

強核力已經足夠讓許多化學元素的原子核永遠安定下去。許多是自從宇宙本身的起點開始就安定迄今，特別是當質子數和中子數均衡相稱之時。然而，基於好幾項理由，有些原子核卻並不安定，特別是當它們具有太多質子或中子之時。倘若它們具有太多質子，則電斥力就會導致原子核分崩離析。倘若原子核具有太多中子，那麼它們的不安定性就可能導致衰變。特別是當弱核力不夠強大，無力長期把中子束縛在一起，於是到最後它就會瓦解。舉例來說，任何一批游離中子，半數會在十四分鐘內衰變；殘餘的有三種粒子：質子、電子和另一種神祕的新粒子——反微中子，這我們稍後就會討論。

要研究核力困難之極，因為原子核大約為原子尺寸的十萬分之一。物理學家必須動用一種新工具，才能探測質子的內部，那就是粒子加速器。我們看到，多年以前，拉塞福是如何把鐳裝在鉛盒裡面，並使用它發出的射線來發現原子核。為了更深入探索原子核內部，物理學家必須動用還更強大的輻射源頭。

一九二九年，歐內斯特·勞倫斯（Ernest Lawrence）發

明了迴旋加速器（cyclotron），創造出當今巨型粒子加速器的前身。迴旋加速器背後的基本原理很簡單。磁場推動質子沿著一條環狀路徑運行。質子每繞行一圈都由一個電場施以一股微弱能量繼續推進。最後，在繞行多圈之後，質子束就能達到數百萬甚至數十億電子伏特。（粒子加速器的基本原理十分直截了當，我甚至在高中時就自己建造了一台電子粒子加速器，稱為 β 電子感應加速器〔betatron〕。）

接下來，最後這道質子束就會指向一個目標並轟擊其他質子。藉由篩濾這陣互撞所產生的浩瀚殘屑，科學家便得以辨識出先前尚未發現的新式粒子。（發射粒子束來擊碎質子的歷程，是種十分笨拙、不精確的作業方式。曾有人把它比擬為，把一台鋼琴拋出窗外，接著就分析墜地撞擊聲，嘗試以此來判定鋼琴的所有特性。儘管笨拙如同這種歷程，這仍是我們手頭少數能用來探測質子內部的僅有的方法之一。）

當物理學家在一九五〇年代第一次以粒子加速器轟擊質子，他們驚愕地發現了五花八門意料之外的大批粒子。

這種富饒的景象令人尷尬。我們相信，當你愈深入搜尋，照講大自然就應該變得愈單純，而不是變得愈複雜。就量子物理學家看來，或許大自然畢竟是真的懷抱惡意。

面對這潮湧氾濫的新粒子，歐本海默洩氣宣稱，諾貝爾

物理學獎應該頒發給當年沒有發現新粒子的物理學家。恩里科・費米（Enrico Fermi）宣稱，「早知道會出現這麼多冠上希臘名稱的粒子，那我就會當上植物學家，不當物理學家了。」[7]

　　研究人員快被次原子粒子淹沒了。這種亂象促使部分物理學家宣稱，或許人類的腦袋還不夠聰明，沒辦法認識次原子國度。畢竟，他們論稱，我們不可能教導一隻狗做微積分，所以或許人類腦袋的威力還不夠強大，無法理解原子核發生了哪些事情。

　　隨後默里・蓋爾曼（Murray Gell-Mann）和他在加州理工學院（California Institute of Technology, Caltech）的幾位同事做出了一些成果，這種混亂狀況也隨之開始逐漸明朗起來，他們宣稱，質子和中子裡面有三種還更細小的粒子，稱為夸克（quark）。

　　這是種簡單的模型，卻有異常良好的功能，非常擅長把粒子分門別類。就像在他之前的門得列夫，蓋爾曼也可以透過他的理論上的缺口，來預測具有強烈交互作用的新粒子的諸般特性。一九六四年，夸克模型預測的另一種粒子果真被發現了，那種粒子稱為歐米茄（Ω）重子，確認了這項理論基本上是正確的，而蓋爾曼也因此獲頒諾貝爾獎。

夸克模型之所以能夠統一這麼多粒子，理由在於它是以一種對稱性為本。我們還記得，愛因斯坦導入了一種四維對稱性，從而得以把空間轉變為時間，反之亦然。蓋爾曼導入了包含三種夸克的方程式；當你在方程式中把它們互換，方程式保持不變。這項新的對稱性描述了三種夸克的重洗改組現象。

兩極對立 II

加州理工學院的另一位偉大物理學家，將量子電動力學重整化的費曼，就品格上和性情上，都與導入夸克的蓋爾曼兩極對立。

在大眾媒體裡面，物理學家普遍被描繪成瘋狂科學家（好比《回到未來》片中的布朗博士）或者不可救藥的無能書呆子，好比《宅男行不行》（*The Big Bang Theory*）片中那群高學位角色。然而物理學家其實有種種不同的外觀相貌和體型大小，性格也各不相同。

費曼是個多采多姿的活潑人物，喜愛作秀搞笑，操著粗魯工人階層口音，講述他漫無節制的瘋狂演出和荒唐故事。（二戰期間，他曾經破譯密碼並打開了洛斯阿拉莫斯國家實

驗室（Los Alamos National Laboratory）一個保藏了原子彈機密的保險箱。在那個保險箱內，他留下了一張密語便條。隔天官員發現便條，在這所國家絕對機密實驗室中釀成恐慌並引發軒然大波。）對費曼來講，沒有任何事情是太過不成體統或者太過漫無節制；有一次他甚至把自己關在高壓艙裡面，只為了好奇，想知道自己會不會出現靈魂出竅的經驗。

然而，默里·蓋爾曼就恰恰相反，他永遠一派紳士氣度，言行舉止全都一本正經。他偏愛的消遣是賞鳥、蒐集古物、語言學和考古學，而不是講述荒唐可笑的故事。不過儘管兩人個性殊異，他們卻都具有同等高度幹勁和毅力，而這也能幫助他們看穿量子理論的迷霧。

弱核力和鬼魅般的粒子

在此同時，有關弱核力的認識，也開創了長足進展，這種力的強度，大約只有強核力的百萬分之一。

舉例來說，弱核力的威力，還不足以把多種原子的原子核束縛聚攏在一起，因此它們會分崩離析並衰變成為較小的次原子粒子。前面我們已經見到，地球內部的溫度之所以那麼高，就是肇因於放射性衰變。雷霆火山和恐怖地震的火爆

能量來自弱核力。要解釋弱核力，必須導入某種新粒子。舉例來說，中子並不安定，甚至會衰變化為一顆質子和一顆電子，這就稱為 β 衰變。不過為了符合計算結果，物理學家還必須導入第三種粒子，那是種虛無飄渺的粒子，稱為微中子（neutrino）。

微中子能穿透整顆行星或恆星而不被吸收，因此有時也稱之為鬼魅粒子。就在這個瞬間，你的身體也被陣陣從深空輻射傳來的大量微中子穿透，其中有些還先行進穿透了整顆地球行星。事實上，這當中部分微中子還有辦法穿透厚度相當於從地球延伸到最接近的恆星的實心鉛塊。

在一九三〇年預測微中子存在的包立，還曾一度哀嘆表示，「我犯下了終極大罪。我導入了永遠觀測不到的粒子。」[8] 儘管這種粒子是那麼捉摸不定，最終它依然在一九五六年的一次實驗中，藉由分析一座核電廠發出的強烈輻射被人發現。（儘管微中子幾乎不與普通物質交互作用，物理學家運用核反應爐射出的大量微中子來彌補這項缺失。）

為求理解弱核力，物理學家又提出一種新的對稱性。既然電子和微中子是一對弱交互作用粒子，因而有讓它們配對的主張，這樣我們就會得到一種對稱性。接下來這種新的對稱性，就可以和馬克士威理論的舊有對稱性兩相結合。這樣

產生的理論就稱為電弱理論（electroweak theory），由此就能把電磁和弱核力統一在一起。

溫伯格、謝爾登‧格拉肖（Sheldon Glashow）和阿卜杜勒‧薩拉姆（Abdus Salam）的這項電弱理論，為他們贏得了一九七九年諾貝爾獎。

所以，愛因斯坦的期待落空，光並不與重力結合，卻寧願與弱核力結合在一起。

所以，強核力是以蓋爾曼的對稱性為本，這種力能夠把三種夸克束縛在一起，構成質子和中子，而弱核力則是基於一種規模比較小的對稱性，也就是電子與微中子的重新排列，接著這又與電磁結合。

不過儘管夸克模型和電弱理論的威力這般強大，這麼擅長描述五花八門的次原子粒子，這當中仍有個巨大的缺憾。令人心焦的問題是：是哪種力量把這所有粒子束縛在一起？

楊－米爾斯理論

由於馬克士威場在預測見於電磁的特性方面，表現出這般優異的成績，物理學家開始研究一種新版本的威力更強大的馬克士威方程式。那是楊振寧和羅伯特‧米爾斯（Robert

L. Mills）在一九五四年提出的理論。這個理論不只納入了馬克士威在一八六一年寫下的那一個場，它還導入了一整個族群的這種場。當初蓋爾曼用來在這個理論中重排夸克的對稱性，這時也沿用來重新列置並彼此替換新的這組楊－米爾斯場。

這個理念很簡單。把原子束縛在一起的是電場，由馬克士威的方程式來描述。接下來，把夸克束縛在一起的，或許就是馬克士威方程式的類推結果，也就是楊－米爾斯場（Yang-Mills fields）。描述夸克的對稱性，這時也應用來描述楊－米爾斯場。

然而，幾十年下來，這項簡單的理念卻凋萎了，原因是著手計算楊－米爾斯粒子的特性時，結果卻又出現無限大，就如同我們在量子電動力學情況下所見。不幸的是，費曼所導入的錦囊妙策，仍不足以重整楊－米爾斯理論。多年下來，物理學家殫精竭慮徒勞尋覓核力的有限理論。

最後，一位很進取的荷蘭研究生傑拉德‧特‧胡夫特（Gerard 't Hooft）鼓起大無畏勇氣和堅韌毅力，爬梳這濃密無限多數項，並使足蠻力來重整楊－米爾斯場。在那時候，電腦已經足夠先進，力足以分析這些無限大數。當他的電腦程式吐出一連串代表這些量子校正的零時，他就知道自

己肯定對了。

　　這項突破的新聞馬上引發物理學界的注意。物理學家格拉肖後來便曾喟嘆道，「要嘛這傢伙就完全是個白痴，不然他就是多年來曾投身物理學的最大天才！」[9]

　　那是後來會為他和他的指導教授馬丁紐斯・韋爾特曼（Martinus Veltman）贏得一九九九年諾貝爾獎的一次壯舉。突然之間，一種新的場出現了，不但能用來把核力所含已知粒子束縛在一起，還能以此來解釋弱核力。應用於夸克時，楊－米爾斯場便稱為膠子（gluon），因為這時它的作用就像黏膠，能把夸克黏貼在一起。（電腦模擬表明，楊－米爾斯場會凝縮成一種像太妃糖那樣的東西，接著它就會像黏膠一樣把夸克束縛在一起。）為辦到這點，夸克就必須有三個類別，或就是三種顏色，而且必須服從蓋爾曼的三夸克對稱性。所以，這樣一種新的強核力理論，也就開始獲得廣泛接納。這項新理論冠上了量子色動力學（quantum chromodynamics, QCD）稱號，而且迄今這也就相當於強核力最為人熟知的代表性理論。

希格斯玻色子 —— 上帝粒子

於是，從這團亂局逐漸浮現出了一項新的理論，稱為標準模型（Standard Model）。有關次原子粒子雜亂集群的混淆局面逐漸明朗。楊－米爾斯場（稱為膠子）把中子和質子裡面的夸克束縛在一起，還有另一種楊－米爾斯場（稱為 W 和 Z 粒子）則描述了電子和微中子之間的交互作用。

不過標準模型終究還是沒有受到接納，問題出在它缺了粒子拼圖的最後一個零片，稱為希格斯玻色子（Higgs boson），有時也稱為上帝粒子。對稱性還不夠充分。我們必須有某種能打破那種對稱性的方法，因為我們周遭所見的宇宙，並不是完全對稱的。

當我們檢視今天的宇宙，我們會看到四種力，全都彼此獨立發揮作用。重力、光和兩種核力，乍看之下，似乎沒有絲毫共通性。不過當你回溯時間，這些力就開始趨於會合，或許上溯至創世那個瞬間，就只剩下一種力。

一幅新的圖像開始浮現，它使用粒子物理學來解釋宇宙學的最大奧祕 —— 宇宙的誕生。突然之間，量子力學和廣義相對論這兩個截然不同的領域，開始逐漸轉變成一個領域。

在這幅新的圖像之中，在大爆炸發生的瞬間，所有四種

力全都合併成一種服從首要對稱性的單一超力（superforce）。這種首要對稱性，可以讓宇宙間所有粒子輪替相互轉換。支配超力的方程式是神的方程式（God equation）。它的對稱性是難倒愛因斯坦和此後所有物理學家的那種對稱性。

　　大爆炸之後，宇宙膨脹之時也開始冷卻，而種種不同的力和對稱性，也開始破缺為碎片，只留下了當今標準模型的片段破碎的弱核力和強核力對稱性。這種歷程稱為對稱性破缺（symmetry breaking）。這就表示，我們需要一種能精確打破這種原始對稱性的機制，而其結果就會為我們生成標準模型；希格斯玻色子就是在這裡進場。

　　想像一下，設想一座水壩。水庫裡面的水也有對稱性。當你旋轉水，水看來大致上都是相同的。根據經驗，我們全都知道，水會往下流動。這是由於，根據牛頓所見，水會永遠尋找較低的能量狀態。當水壩破裂，水就會猛然向下游較低能量狀態疾湧而去。所以水壩後方的水是處於一種較高的能量狀態。物理學家稱水壩後方的水所處狀態為偽真空（false vacuum），因為這種情況很不安定，要一直等到破裂水壩裡面的水達到真真空，意思是達到底下山谷的最低能量狀態，狀況才會安定下來。水壩破裂以後，原始對稱性就不見了，不過水已經達到它的真正基態。

當你分析就要開始沸騰的水時，你也會見到這種狀態。水在即將沸騰之前是處於偽真空狀態。它很不安定，不過是對稱的，也就是說，你可以把水轉動，結果水看來是相同的。不過到最後水裡面就會形成細小氣泡，每顆氣泡的能量狀態都低於它周遭的水。每顆氣泡都開始膨脹，直到夠多氣泡出現，而水也開始沸騰。

依循這段情節，宇宙剛開始時是處於一種完全對稱的狀態。所有次原子粒子都隸屬於相同對稱性的一部分，而且它們全都具有零質量。由於它們具有零質量，它們就可以經過重新排列，而且方程式依然保持不變。然而，基於某種不明原因，它是不安定的；它處於偽真空狀態。轉移到真的（但不破缺的）真空所需的場是希格斯場（Higgs field）。就像法拉第的電場瀰漫空間所有各角落，希格斯場也充滿了整個時空。

不過基於某種原因，希格斯場的對稱性開始破缺。

希格斯場裡面開始形成細小氣泡。氣泡外面，所有粒子依然保持沒有質量並呈對稱樣貌。氣泡內部的某些粒子具有質量。隨著大爆炸繼續進展，氣泡也快速膨脹，粒子開始獲得不等質量，原始對稱性破缺了。最後，整個宇宙便納入一個浩瀚氣泡內部，存在於一種新的真空狀態。

所以到了一九七〇年代，成群物理學家的辛勤工作開始得到回報。經過數十年在荒野四處遊蕩，他們終於開始把拼圖的所有零片拼湊在一起。他們意識到，只要把（代表強核力、弱核力和電磁力的）三個理論組合在一起，[10] 就能寫出一組能夠與在實驗室中的觀察結果真正完全相符的方程式。

　　把這些力膠合在一起的關鍵就是對稱性。重洗改組三種夸克時會見到的對稱性，能夠與改組電子和微中子的對稱性，與馬克士威的方程式所見對稱性結合起來。破壞對稱性的是希格斯場。最終理論很笨拙，卻也是向前邁進的重要步驟，因為它能與資料相符。要和成功爭辯是很難的。

幾近萬有理論

　　值得注意的是，標準模型可以準確地預測物質的特性，而且能回溯至大爆炸後剎那瞬間。

　　儘管標準模型代表我們對次原子世界的最深刻認識，它仍然帶有眾多明顯的漏洞。首先，標準模型沒有提到重力。這是個重大問題，因為重力是控制宇宙大尺度行為的力。而且每次物理學家嘗試把它納入標準模型，他們都沒辦法解出方程式。事實證明，由此產生的量子校正可不小，且是無限

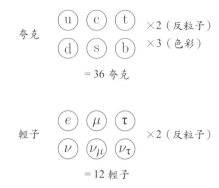

標準模型

夸克　u　c　t　×2（反粒子）
　　　 d　s　b　×3（色彩）

　　　 ＝ 36 夸克

輕子　 e　μ　τ　×2（反粒子）
　　　 ν　$ν_μ$　$ν_τ$

　　　 ＝ 12 輕子

＋楊－米爾斯規範粒子＋希格斯粒子

圖9：標準模型是種奇特的次原子粒子集群，能準確描述我們的量子宇宙，包含三十六種夸克和反夸克，十二種弱交互作用粒子和反粒子（稱為輕子），還有大批楊－米爾斯場與希格斯玻色子，也就是當你激發希格斯場時會形成的粒子。

大，就像量子電動力學和楊－米爾斯粒子的情況。所以標準模型並不能為我們闡明宇宙的某些難解之密，好比大爆炸之前是發生了什麼事，還有黑洞裡面有什麼。（稍後我們還會回頭討論這些重大問題。）

　　第二，標準模型是以人工把描述種種不同力的理論交疊套接在一起而成，所以這樣產生的理論是種拼湊的結果。[11]（有一位物理學家把它比擬為把鴨嘴獸、土豚和鯨魚黏貼在

一起，並宣稱那是自然最優雅的生物。這樣創造出的動物，據說也只有牠的母親才能愛。）

第三，標準模型有好幾個不確定的參數（好比夸克的質量還有交互作用的強度）。事實上，大約有二十個常數是必須以手動代入，而且輸入時對於這些常數出自何方或者代表什麼意義，全都一無所知。

第四，標準模型不只擁有一個拷貝的夸克、膠子、電子和微中子，而是有三個一模一樣的副本，或者三個世代。（所以，總計有三十六種夸克，區分三色，兩種風味，三個世代，加上它們的對應反粒子，以及二十種自由參數。物理學家發現自己很難相信，那麼顢頇不靈便的事物，怎麼可能是宇宙的基本理論。

大型強子對撞機

由於事涉重大利益，各國都願意投入數十億資金來建造下一代的粒子加速器。就目前來看，頭條新聞都著眼報導設於瑞士日內瓦郊外的大型強子對撞機，科學界有史以來的最大機器，花費超過一百二十億元，圓周延伸幾乎達到二十八公里。

大型強子對撞機看來就像個龐大的甜甜圈，跨越瑞士和法國接壤界線。質子在管內加速，直到它們達到極高能量。接著它們就與反向射來的另一道高能質子束對撞，釋出十四兆電子伏特能量，生成並灑落一陣壯闊的次原子粒子簇。接著就動用世界上最先進的電腦來解析這團粒子雲霧。

大型強子對撞機的目標是要複製出大爆炸後不久時期內的狀況，從而得以創造出這些不安定的粒子。最後在二〇一二年，希格斯玻色子，標準模型的最後一片拼圖，終於被發現了。

這是高能物理學的偉大一天，儘管如此，物理學家依然明白，眼前還有很長的路途要走。就一方面，標準模型確實能夠描述所有的粒子交互作用，從深藏質子內部到可見宇宙最偏遠邊界的互動。問題是，這個理論很難看。以往每當物理學家探測物質的根本素性，都會開始浮現出優雅的新式對稱性，所以物理學家覺得這裡很不對勁，為什麼在最基本層級，自然卻似乎偏愛一種草率的理論。

儘管在實務上開創成功事蹟，不過對所有人來說都顯而易見，那就是標準模型只是尚未出現的最終理論的暖身動作。

在此同時，物理學家眼見量子理論在次原子粒子領域的

應用上，取得了驚人成功，他們大受鼓舞，開始重新檢視塵封數十年的廣義相對論。到這時候，物理學家紛紛著眼於更宏偉的另一項目標——讓標準模型和重力結合——意思是我們會需要一種有關重力本身的量子理論。這就真正是種萬有理論，其中對於標準模型和廣義相對論的所有量子校正全都可以計算出來。

以往重整化理論是個巧妙的技巧，能用來抵銷量子電動力學以及標準模型的所有量子校正。關鍵是把電磁力和核力都呈現為粒子，分別稱為光子和楊－米爾斯粒子，接著再揮手施法讓無限大在其他地方重新吸收並消失不見。所有令人不快的無限大，全都被掃到地毯底下。

物理學家天真地依循這種歷史悠久的傳統，並採用了愛因斯坦的重力論，導入了一種新的重力點狀粒子，稱為重力子（graviton）。於是愛因斯坦導入來代表時空結構的光滑表面，這下就籠罩在無數纖小重力粒子形成的雲霧包圍之下。

可悲的是，物理學家在過去七十年來，為了消除這些無限大所辛勤累積的滿袋子妙策，遇上了重力子就全都失效了。重力子所產生的量子校正是無限大的，沒辦法在其他地方重新予以吸收。就在這裡，物理學家撞上了一堵磚牆。他

們的連勝紀錄到這裡猛然終結。

物理學家挫敗之餘著手追尋比較平庸的目標。他們沒辦法研擬出完整的重力量子理論，於是不碰重力，只嘗試計算出普通物質量子化時會發生什麼現象。這就表示單獨計算出肇因於恆星和星系的量子校正，卻不碰觸重力。期盼單憑量子化原子，就能創建出一塊踏腳石，並深入洞悉研擬重力量子理論的更遠大目標。

這是個比較平庸的目標，不過它開啟了道道防洪閘門，於是耐人尋味的物理新現象蜂擁而出，挑戰我們看待宇宙的方式。突然之間，量子物理學家見識了宇宙中的最怪誕現象：黑洞、蟲洞、暗物質和暗能量、時光旅行，甚至還有宇宙本身的創生。

不過這些奇怪宇宙現象的發現，也是帶給萬有理論的一項挑戰，現在必須解釋的，不只是標準模型中熟見的次原子粒子，還包括能擴展人類想像力的這所有奇特現象。

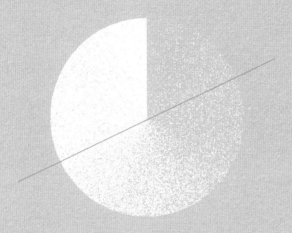

第五章

暗宇宙

二〇一九年，全球各地新聞報紙和網頁都在首頁刊出頭版轟動消息：天文學家剛剛拍到了第一幀黑洞照片。數十億人看到了那幅鮮明的影像，一顆熾烈氣體紅球，中間一圈圓形黑色剪影。這種神祕物體抓住了民眾的想像力，也占據了新聞主導地位。黑洞不只是引來了物理學家的關注興趣，也進入了公眾的意識，成為眾多科學特輯和大量電影作品的主題。

　　事件視界望遠鏡（Event Horizon Telescope）拍攝的黑洞，位於 M87 星系裡面，和地球相隔五千三百萬光年。這個黑洞是個真正的巨怪，重達五百億倍太陽質量。我們這整個太陽系，甚至遠達冥王星之外，都可以輕鬆納入照片中那幅黑色剪影輪廓當中。

　　為達成這項驚人成就，天文學家建造了一台超級望遠鏡。那顆星體和我們相隔那麼遙遠，無線電信號那麼微弱，一般來講，以一台電波望遠鏡的尺寸，並不足以接收充分信號並生成影像。不過天文學家把散置世界各地的五台個別望遠鏡所接收的信號併攏起來，終究是有辦法拍出這顆黑洞的照片。他們使用超級電腦來仔細組合這種種不同信號，有效地構成了一台尺寸如地球本身般大小的巨型電波望遠鏡。這台合成產物的威力十分強大，原則上它有辦法從地球探測到

安置月面的一枚柳橙。

　　類似這般出奇的眾多天文學新發現，重新激發了大家對愛因斯坦重力論的興趣。只可惜，過去五十年間，有關愛因斯坦廣義相對論的研究，相對起來都停滯不前。這組方程式困難之極，經常牽涉到好幾百個變數；而重力實驗實在是太過昂貴，必須動用上橫跨好幾公里的探測器。

　　諷刺的是，儘管愛因斯坦對量子理論有所保留，當前就相對論研究方面的復興局面，卻是藉由結合雙方，把量子理論應用在廣義相對論上，這才促成的。前面我們也曾提到，要想完全認識重力子，徹底了解如何消除它的量子校正，是公認的太過困難，不過比較平庸的應用，以量子理論來解釋恆星（忽略重力子校正），倒是開啟了一處處的極樂天堂，催生出了一波令人驚豔的科學突破。

黑洞是什麼？

　　黑洞的基本理念可以追溯至牛頓的重力論發現。他的《原理》一書為我們呈現一幅簡單圖像：若是你以充分能量發射一枚砲彈，它就會繞行整顆地球，接著就回到它的原始位置。

不過，若是你瞄準正上方發射砲彈，這時會發生什麼事情？牛頓意識到，砲彈最終就會達到最大高度，然後就掉回地球。不過只要有充分的能量，砲彈就會達到逃逸速度，也就是說，達到脫離地球重力所需速率，高飛進入太空，永不復返。

　　這是一項簡單的演練，使用牛頓的定律來計算出擺脫地球的逃逸速度，得出結果為每小時四萬零三百二十公里，這就是我們的太空人在一九六九年飛抵月球必須達到的速度。若是你沒有達到逃逸速度，你要嘛就會進入軌道，不然就會掉回地球。

　　一七八三年，一位名叫約翰·米歇爾（John Michell）的天文學家對自己提出了一道表面看來很簡單的問題：倘若逃逸速度是光速，那會是什麼情況？倘若一道光束發自一顆質量極高，逃逸速度達到光速的巨型恆星，這時說不定連它的光都沒辦法逃逸。從這顆恆星發出的光，最終都要落回恆星。這類星體米歇爾稱之為「暗星」（dark star），由於光無法脫離它們的浩瀚重力，因此這類天體看來就是黑的。回溯至一七〇〇年代，科學家對恆星物理學可說一無所知，也不知道光速的正確數值，於是這項觀點也就凋零沉寂了好幾個世紀。

一九一六年，一戰期間，德國物理學家卡爾・史瓦西（Karl Schwarzschild）駐紮俄羅斯前線擔任砲兵。就在一場血腥戰爭打到半途，他抽出時間來閱讀、消化愛因斯坦的一九一五年那篇介紹廣義相對論的著名論文。史瓦西醞釀出高超的數學真知灼見，發現了愛因斯坦方程式的一個精確解。他並不以星系或宇宙為標的來解方程式，那太難了，他從所有可能物件當中最簡單的一種入手，即細小的點粒子。結果發現，這種物件和從遠處觀看球狀恆星所見的重力場十分相近。接著我們就可以拿愛因斯坦的理論來與實驗做個比對。

愛因斯坦對史瓦西論文表現出狂喜反應。愛因斯坦意識到，針對他的方程式的這個解，讓他能夠對他的理論做出更精確的計算，好比星光彎折繞過太陽與水星擺盪現象。所以這下他不再就他的方程式進行粗略近似概算，並得以依循他的理論求出精確結果。這是一項重大突破，而且後來還證明這是認識黑洞的重要基礎。（史瓦西在他這項高明發現之後不久死去。哀傷之餘，愛因斯坦為他寫了一段感人的悼詞。）

不過，儘管史瓦西的解帶來了劇烈衝擊，它也帶來了一些令人困惑的問題。從一開始，他的解就帶了古怪的特性，讓我們對空間和時間的認識，更往前推進了一步。超大

質量恆星周圍有一圈想像的圓球形體（他稱之為「魔球」〔magic sphere〕，如今則稱之為事件視界）。這個球體外側遠處的重力場，和普通牛頓型恆星的類似，因此史瓦西的解可以用來類推它的重力。不過倘若你運氣很差，竟然逼近那顆恆星，還穿越事件視界，那麼你就會永遠困陷那裡面，最後還會被壓死。事件視界就是條不歸路：掉到裡面的任何東西，永遠都不會再出現。

　　不過當你逼近事件視界，還會發生更詭異的事情。舉例來說，你會遇上被困陷裡面的光束，說不定已經在那裡數十億年，而且依然繞行那顆恆星。拉扯你的腳的重力，會比拉扯你的頭的重力更強，於是你就會像麵條般被延伸拉長。事實上，這種麵條現象會變得十分嚴重，就連你體內的原子，也都會被扯裂，最後就會分崩離析。

　　對於從遙遠位置觀看這起奇異事件的人來說，看來就彷彿事件視界邊緣的那艘太空船裡面的時間逐漸減慢了下來。事實上，在外界人士眼中，當太空船觸及事件視界的時候，時間彷彿也停頓了。最搶眼的是，對於船上太空人來講，他們穿越事件視界時，一切事項似乎都很正常 —— 保持正常直到他們被撕裂為止。

　　這項概念十分詭異，幾十年以來，這都被視為科幻，愛

因斯坦方程式的一種奇怪副產品，不過在真實世界是不存在的。愛丁頓曾經寫道，「應該有條自然定律來防止恆星表現這種荒誕舉止！」

愛因斯坦甚至還寫了篇論文，論稱在正常情況下，黑洞是永遠不會形成的。一九三九年時，他證明了一團旋轉氣體永遠不會被重力壓縮到事件視界以內。

諷刺的是，就在那同一年，歐本海默和他的學生哈特蘭·斯奈德（Hartland Snyder）證明，黑洞的確能依循愛因斯坦預先沒有料到的自然歷程形成。倘若你從一顆質量十倍到五十倍我們的太陽的巨型恆星入手，當它耗盡它的核能燃料，最後它就會爆炸形成一顆超新星。倘若爆炸後殘留一顆被重力壓縮到事件視界的恆星，那麼它就有可能塌縮化為一顆黑洞。（我們的太陽質量不足以經歷超新星爆炸，而且它的事件視界直徑約超過三公里。沒有已知自然歷程能把我們的太陽擠壓到三公里那麼小，也因此我們的太陽不會變成黑洞。）

物理學家發現，黑洞至少區分兩類。第一類是如前述巨型恆星留下的殘骸。第二類黑洞見於星系中央。這類星系型黑洞的質量，有可能數百萬倍或者數十億倍於我們的太陽質量。許多天文學家相信，所有星系的中心都有黑洞。

過去幾十年間，天文學家在太空中辨識出了好幾百顆可能的黑洞。我們自己的銀河系中央，就端坐了一顆巨怪黑洞，質量為兩百萬倍到四百萬倍於我們的太陽質量。那顆黑洞位於人馬座（不幸的是，塵埃雲霧遮擋住那片區域，我們看不到它。不過倘若塵埃雲霧散開，每晚都會出現一幅勝景，一團恆星環繞中央黑洞，構成宏偉熾烈火球，照亮夜空，說不定比月光更燦爛。那真正會是一幅壯麗的景象。）

　　隨後當量子理論應用於重力，帶來了有關黑洞的最新激情。這些計算釋開了源源不絕的意外現象，也不斷測試我們想像力的極限。事實證明，引領我們穿越這片未知領域的方針指南，完全癱瘓了。

　　霍金在劍橋攻讀研究所課程時，還是個普通年輕人，沒有明顯的方向或目標。他表面上是個物理學家，然而他的心卻不在那裡。他顯然是非常聰明，看來卻不是很專心。接著有一天，他被診斷出患染了肌萎縮性脊髓側索硬化症（amyotrophic lateral schlerosis, ALS），還被告知兩年內他就要死亡。儘管他的心智能保持完好無損，身體卻會迅速敗壞，喪失所有運作能力，然後就會死去。他頓失所依，極度消沉，接著他意識到，他的生命截至那個片刻是浪費掉了。

　　他決心把他的短暫餘生奉獻投入，做點有益的事情。對

他來說，這就意味著解決物理學上的最大問題之一：把量子理論應用於重力。幸運的是，他的病情進展，比醫師的預測要緩慢得多，於是就算他被困陷在輪椅上，還失去了四肢甚至聲帶的控制能力，他依然得以繼續在這個新的研究領域開疆闢土。有次我應霍金邀約，前往他籌辦的一場研討會上發表演說。我很榮幸能參訪他的住家，也很驚訝地看到，讓他能繼續做研究的形形色色的小工具。其中一項裝置是翻頁機。你可以把期刊擺進這種奇妙的機械，然後它就會自動翻頁。他決心不讓疾病減損他的生命目標，那樣的毅力讓我十分感佩。

在那時候，理論物理學家多半都從事量子理論研究，不過仍有小撮叛逆和頑固分子試圖為愛因斯坦方程式尋覓更多的解。霍金對自己提出了一道很不一樣又很深刻的問題：當你把這兩套體系結合起來，並拿量子力學應用於黑洞，這時會發生什麼事情？

他意識到，計算重力量子校正的問題太難，他解決不了。於是他選擇一項比較簡單的使命：先略過比較複雜的重力子量子校正，只著眼處理黑洞內部原子的量子校正。

他閱讀黑洞相關文獻愈多，就愈能意識到，這當中出了個差錯。他開始猜想，傳統思維 —— 沒有任何東西能逃出黑

洞——違反了量子理論。依照量子力學，所有事物都是不確定的。黑洞看來完全是黑的，原因是它把一切事物全都吸納進去。不過全黑違反了不確定性原理。就連黑也必定是不確定的。

他得出了一項革命性結論，那就是黑洞必然會發出非常黯淡的量子輻射輝光。

接著霍金表明，黑洞發出的那種輻射，其實就是一種黑體輻射。他的計算就是秉持這點來進行，他意識到，真空並不是種沒有任何東西的虛無狀態，實際上那裡還會不斷冒出種種量子活動。依循量子理論，就連虛無也處於一種不斷翻攪的不確定狀態，那裡面的電子和反電子有可能從真空突然跳出來，接著互撞並消失回歸真空，所以虛無實際上是充滿了量子活動泡沫。接著他意識到，只要重力場夠強，電子和反電子對就可能從真空無中生有，創造出所謂的虛粒子（virtual particle）。倘若當中一顆粒子落入黑洞，另一顆則脫逃了，它就會產生出如今所稱的霍金輻射（Hawking radiation），生成這種粒子對所需能量，含括在黑洞的重力場中。由於第二顆粒子脫離了黑洞，意思就是，黑洞和它的重力場的淨質量和淨能量含量減少了。

這就稱為黑洞蒸發（black hole evaporation），描述所有

黑洞的最終命運：它們會緩緩輻射出霍金輻射數兆年，最後就會耗盡它們的所有輻射，爆成一團烈焰死亡。所以就連黑洞的壽命都是有限的。

距今無數兆億年之後，宇宙的恆星全都會耗盡它們的核燃料並變得黑暗。只有黑洞在這個荒蕪的年代繼續存活。不過就連黑洞到頭來也必然要蒸發，最後只殘留飄盪著次原子粒子的一片汪洋。霍金對自己提出另一道問題：若是拿一本書拋進黑洞，會發生什麼事情？那本書所含資訊會永遠流失嗎？

根據量子力學，資訊永遠不會流失。就算你把一本書燒了，只要細密嚴謹分析燒毀的紙張所含分子，仍是有可能重建出那整本書。

不過霍金卻拋出爭議話題，捅破馬蜂窩，他表示：拋進黑洞的資訊確實是永遠流失了，因此量子力學一進入黑洞就要瓦解。

前面就曾提過，有次愛因斯坦曾說，「上帝不和世界擲骰子，」也就是說，你不能把任何事情都歸因於機率和不確定性。霍金補充說道，「有時候上帝會把骰子拋到讓你找不到，」也就是說，骰子有可能掉進黑洞，而且量子定律到那裡面就有可能不再成立。所以當你穿越事件視界，不確定性

定律就要失效。

　　自此以後，另有些物理學家紛紛起身為量子力學辯解，並表明弦論等先進理論（我們到下一章就會著眼討論）能維繫保藏資訊，就算有黑洞也一樣。到了最後，霍金勉強承認他有可能錯了。不過他提出了他自己的新穎解法。或許就如同他先前所想，當你把一本書拋進黑洞，資訊並不會永遠流失，而是以霍金輻射的型式返回外界。微弱霍金輻射中的編碼，就是重建原始書本所需的一切資訊。所以說不定霍金是不正確的，不過正確的解答，卻是寄身在他先前發現的輻射裡面。

　　總而言之，資訊在黑洞中是否流失，依然是個懸而未決的問題，在物理學界引發激烈爭議。不過最終我們有可能必須等到最後的重力量子理論出現，並把重力子量子校正納入，塵埃才能落定。在此同時，霍金轉向下一個令人困惑的問題，牽涉到如何將量子理論和廣義相對論結合在一起。

穿越蟲洞

　　假使黑洞把所有事物全都吃光，那麼那些東西都到哪裡去了？

簡單一句話，我們不知道。當我們能把量子理論和廣義相對論統一起來的時候，答案或許就能得解。

　　唯有當我們終於找到重力的（不單只是物質的）量子理論之時，我們才能解答這道問題：黑洞的另一端有什麼東西？

　　不過倘若我們盲目採信愛因斯坦的理論，那麼我們就會遇上麻煩，因為他的方程式預測，位於黑洞的正中央或者時間的開端的重力是無限大的，而這完全不合理。

　　不過在一九六三年時，數學家羅伊・克爾（Roy Kerr）發現了愛因斯坦方程式應用於旋轉黑洞的全新解法。先前在史瓦西的研究當中，黑洞塌縮成為靜止不動的纖小定點，稱為奇異點（singularity），那裡的重力場變為無限大，而且所有事物全都被擠壓納入單一定點。不過克爾發現，若是你分析應用於自旋黑洞的愛因斯坦方程式，這時就會出現怪事。

　　首先，黑洞並不會塌縮成為一個點，它反而會塌縮成為一個迅速自旋的環圈。（由於自旋環圈上的離心力很強，足以防止環圈在本身重力下塌縮。）

　　第二，倘若你落入環中，你很可能根本不會被擠壓致死，實際上卻有可能穿過那個環圈。環圈內部的重力，其實

是有限的。

　　第三，數學表明，穿過環圈時，你有可能進入一處平行宇宙。你實實在在就是進入了另一處姊妹宇宙。設想有兩張紙彼此堆疊在一起，接著拿一根吸管穿透那兩張紙，你可以通過那根吸管，離開一處宇宙，進入平行宇宙；這根吸管就稱為蟲洞。

　　第四，當你重新進入那個環圈，你還可能繼續前往另一處宇宙。就像在公寓建築搭乘升降梯，你穿過一樓到下一個樓層，從一處宇宙到另一處。每次你重新進入蟲洞，你都可能進入一處全新的宇宙。所以這就導入了黑洞的一幅新圖像：在自旋黑洞正中央，我們可以找到某種類似愛麗絲的鏡子的東西，它的一側是英國牛津的寧靜鄉間，不過倘若你伸手穿透那面鏡子，結果你就會來到完全不同的地方。

　　第五，倘若你成功穿越那個環圈，你依然有機會來到你這同樣一處宇宙的某個遙遠地帶。所以蟲洞就有點像是地鐵系統，採行一處看不見的捷徑來穿越空間和時間。計算顯示，你說不定有辦法以超越光速行進，甚至還可能在不違反已知的物理定律情況下，逆向回溯時間。

　　這些怪誕的結論，不論多麼離奇，都沒辦法輕易拋開，因為它們是愛因斯坦方程式的解，而且它們所描述的自旋黑

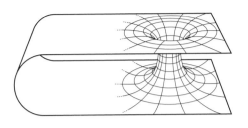

圖 10：原則上，根據假設，通過蟲洞時，我們有可能得以抵達天際恆星或甚至於回到過去。

洞，如今我們認為是司空見慣的最尋常事例。

其實蟲洞最早是在一九三五年由愛因斯坦本人在與內森·羅森（Nathan Rosen）合著的一篇論文中引進。他們想像兩顆黑洞結合在一起，就像時空中的兩個漏斗。若是你落入一個漏斗，你就會被推送到另一個漏斗的末端衝出來，而且並不會被擠壓致死。

特倫斯·懷特（T. H. White）的小說《永恆之王》（*The Once and Future King*）裡面有一句著名的台詞：「凡是不禁止的事項全都是強制性的。」物理學家實際上都把這句話看得很認真。除非有某種物理定律禁制某種現象，否則它或許就存在於宇宙某處。

舉例來說，儘管蟲洞素有很難製造的惡名，有些物理學家猜想，蟲洞說不定在時間的開端就已經存在，接著在大爆

炸之後開展。說不定它們是自然存在。說不定有一天我們的望遠鏡會實際看到太空中有個蟲洞。儘管蟲洞激發了科幻作家的想像力，要在實驗室中實際製造出來，卻會帶來令人生畏的問題。

首先，你必須匯聚相當於黑洞的大量正向能量，這才能開啟用來穿越時空的閘門。單單這點就需要非常先進文明的技術，所以我們不指望最近會有哪些業餘發明家能在他們的地下室實驗室中創造出蟲洞。

第二，這種蟲洞會很不安定，而且會自行關閉，要想防範這點，就必須增添一種奇特的新成分，稱為負物質（negative matter）或者負能量（negative energy），而這和反物質是完全不相同的。負物質和負能量具有排斥性，而這就能夠防止蟲洞塌縮。

物理學家還從來沒有見過負物質。事實上，它會服從反重力規範，所以它會向上掉升，而不是向下掉落。倘若負物質在幾十億年前曾經存在於地球，它就會被地球重力排斥，如今也已經飛入外太空了。所以我們不指望能在地球上發現負物質。

相較於負物質，負能量的確是存在的，不過只有極微小數量，少得不會有實際價值。只有非常先進的文明，或許

比我們更先進好幾千年，才會有辦法創造出充分的正能量和負能量來建造出蟲洞，接著還維繫不讓它塌縮。（量子理論預測，在原子尺度，負能量能以卡西米爾效應〔Casimir effect〕的型式存續下來。這種效應已經通過實驗驗證，不過效應太小，並不能發揮任何用途。所以負能量確實存在，然而數量不足以產生任何實效。）

第三，發自重力本身的輻射（稱為重力子輻射）或許就足夠導致蟲洞爆炸。

最後，要回答當你墜入黑洞會發生什麼事情的問題，最後答案必須等待能夠把物質和重力都予以量化的真正的萬有理論才能求得。

有些物理學家很認真地提出了一項爭議性理念，主張當恆星墜入黑洞，它們並不會壓垮化為奇異點，而是從蟲洞的另一端被噴發出來，並產生出了一個白洞（white hole）。白洞服從黑洞所遵循的那同一組方程式，只除了時間箭頭是逆轉的，所以物質會從白洞噴湧而出。物理學家不斷在太空中尋覓白洞，卻始終一無所獲。提起黑洞的重點在於，說不定大爆炸是根源自一顆白洞，而且我們在天上看到的所有恆星和行星，也全都是在約一百四十億年前從一個黑洞噴飛出來的。

重點在於，只有「萬有理論」能告訴我們，黑洞的另一端有什麼東西。只有靠著計算出重力的量子校正，我們才能回答蟲洞帶來的最深刻問題。

不過若是有一天蟲洞能帶著我們即刻橫越星系，它們是否也能帶領我們回到過去？

時光旅行

自從赫伯特・威爾斯（H. G. Wells）發表《時光機器》（*The Time Machine*）以來，時光旅行一直是科幻作品的主要給養。我們能在三個維度中自由地（向前、向兩側以及向上）移動，所以或許也有辦法能夠在第四個維度，時間裡面移動。威爾斯設想進入一台時光機，轉動一個旋鈕，接著就飛竄數十萬年前進未來，來到公元 802,701 年。

從那時起，科學家便投入研究時光旅行可不可能辦到。愛因斯坦在一九一五年率先提出他的重力理論時，心中還憂慮他的方程式有可能讓人扭曲時間，讓人得以回到過去，因為他認為，這就表示他的理論存有缺陷。然而這個令人困擾的問題，卻在一九四九年成為現實的可能性。當時他的鄰居，在普林斯頓著名的高等研究院（Institute for Advanced

Study）任職的偉大數學家庫爾特・哥德爾（Kurt Gödel）發現，當宇宙旋轉時，我們就能前往過去，也就是說，你可以在出發前就先回來。愛因斯坦見了這種非正統解法大吃一驚。最後愛因斯坦在他的回憶錄中歸結認定，即便時光旅行在哥德爾的宇宙中是有可能辦到的，我們依然可以「根據物理學基本原理」把它棄置，因為宇宙會膨脹，卻並不旋轉。

既然如此，雖說物理學家仍然不相信時光旅行有可能實現，不過對於這個問題，他們倒是非常認真看待。有關愛因斯坦方程式的種種能容許時光旅行的不同解答，紛紛被人發現。

就牛頓而論，時間就像箭頭，一旦射出了，它就會準確無誤地以均速穿梭宇宙；地球上的一秒鐘，和空間其他地方的一秒鐘是一樣的。然而，在愛因斯坦看來，時間還比較像是一條河川；當它蜿蜒穿越恆星和星系，同時它也可能加速或減速行進，時間在宇宙各地有可能分別以不等速率運行。然而，新的圖像表明，時光之河或許帶有漩渦，而這就有可能把你沖到過去（物理學家稱它們為「封閉類時曲線」〔closed timelike curves, CTC〕），也或許時光之河會分叉成兩條河川，於是時間線便岔開，產生出兩處平行宇宙。

霍金對時光旅行十分沉迷，於是他對其他物理學家

提出挑戰。他認為一定有一條目前還沒有發現的隱藏的物理定律，他稱之為時序保護猜想（chronology protection conjecture），能一舉徹底排除時光旅行。不過儘管他努力嘗試，卻始終無法證明這項假設。這就表示，時光旅行仍然可能與物理定律一致相符，也沒有任何東西能否定世上存有時光機。

此外，他還搞笑表示，時光旅行是不可能的，不然「來自未來的旅客都到哪裡去了？」每一起重大歷史事件都應該有大批旅客帶著照相機蜂擁群集，狂熱嘗試拍下事件最佳鏡頭，帶回未來給他們的親友看。

就眼前而論，設想倘若你有一台時光機，能做出什麼惡作劇。你可以回溯時光在股票市場下注，成為億萬富翁。你可以改變過去事件的進程。歷史永遠沒辦法寫下來。歷史學家會失業。

當然了，時光旅行有嚴重的問題。眾多邏輯悖論都和時光旅行連帶有關，好比：

- 讓現在變得不可能：倘若你回溯時光見到小時候的你爺爺，並把他殺了，那又怎麼可能有你？
- 無中生有的時光機：某個人從未來帶給你時光旅

行的祕密。多年以後，你回溯時光，把時光旅行
的祕密交給年輕時候的你。那麼時光旅行的祕密
是從哪裡來的？

- 變成你自己的母親。科幻作家羅伯特·海萊恩
  （Robert Heinlein）寫過變成你自己家族世系的
  故事。假定一位孤女長大後變性成為男子。接著
  那位男子回溯時光結識了她自己，並與她生下一
  個小女嬰。接著那名男子帶著小女嬰回到更早時
  光，把那個嬰兒送到那同一家孤兒院，接著又重
  複這相同循環。這樣一來，她就變成了她自己的
  母親、女兒、祖母、孫女等等。

到頭來，所有這些悖論的最終答案，說不定都得等到完
整的量子重力理論研擬問世才能得解。舉例來說，或許當你
進入時光機，你的時間線就可能分岔，於是你也就創造出了
一個平行量子宇宙。也就是說，假設你回溯時光，救了亞伯
拉罕·林肯一命，於是他才沒有在福特戲院遭刺殺身亡。那
麼或許你是救了林肯一命，卻是發生在一處平行宇宙；因此
你原本那處宇宙的林肯仍然是死了，而且沒有任何事情能改
變這點。不過宇宙已經分裂成兩處宇宙，而且你在一處平行

宇宙拯救了林肯總統。

　　所以，只要假定時間線可以分岔出一處平行宇宙，時光旅行的所有悖論也就迎刃而解了。

　　唯有當我們有辦法計算重力量子校正時，時光旅行的問題才能獲得明確解答，不過這種計算目前依然為人忽略。物理學家已經把量子理論應用於恆星和蟲洞相關問題，不過關鍵是要藉由重力子將量子理論應用於重力本身，而這就必須仰賴萬有理論。

　　這段討論引來了一些有趣的問題。量子力學能不能完整解釋大爆炸的本質？量子力學能不能應用於重力來解答科學最大的問題之一：大爆炸之前發生了什麼事情？

宇宙是如何生成的？

　　宇宙是從哪裡來的？是什麼因素啟動了宇宙？這或許就是神學和科學領域最宏大的幾則問題，也是個可以讓人無止境推敲的課題。

　　古埃及人認為，宇宙剛開始是一枚在尼羅河中漂流的宇宙蛋，有些玻里尼西亞人認為，宇宙起初是一顆宇宙椰子。基督徒認為，宇宙是在神說「要有光！」時就開始運轉。

宇宙的起源也讓物理學家著迷，特別是當牛頓為我們帶來一個令人信服的重力理論。不過當牛頓嘗試拿他的理論應用來解釋我們周遭所見宇宙之時，他就遇上了一些問題。

一六九二年，他收到了神職人員理查·本特利（Richard Bentley）令人不安的來函。信中本特利要牛頓解釋他的理論當中一則潛藏的、說不定有害的缺陷。

倘若宇宙是有限的，而且倘若重力始終是引力而不是種斥力，那麼宇宙間的所有恆星，最終都要相互吸引。事實上，只要時間充裕，它們全都會合併凝結成單獨一顆龐大的恆星；所以有限宇宙應該是不安定的，而且最後也必然要崩潰。既然沒有發生這種情況，牛頓的理論肯定有個缺陷。

其次，他論稱，牛頓的定律預測，就算是無邊無際的宇宙，依然是不安定的。在擁有無限多恆星的無限大宇宙當中，從左右拉扯一顆恆星的所有力的總和也會是無限大的。因此，這些無限大的力，最終就會把所有恆星撕開扯裂，也因此所有恆星最終全都要解體。

牛頓讀了這封信後深感不安，因為他還沒有想過要把他的理論運用在全宇宙。最後牛頓為這道問題提出了一個很巧妙，不過並不完備的答案。

是的，他承認，倘若重力始終是種引力，永遠不是種斥

力，那麼宇宙中的恆星或許就會變得很不安定。不過這個論點有個漏洞。假定，就平均而言，宇宙朝所有方向全都是完全均勻而且無限的，在這種靜態宇宙當中，所有的重力就會彼此抵銷，於是宇宙也再次變得安定。就任何恆星而言，從所有遙遠恆星分從四面八方對它施加的重力，最終都要加總為零，也因此宇宙並不會崩潰。

　　儘管這是對這道問題的明智解法，他仍意識到，他的解決方案仍然有個潛在缺陷。宇宙有可能就平均而言是均勻的，不過它不可能在所有的點上全都完全均勻，必定存有某些微小的偏差。就像紙牌屋，看起來很安定，不過只要出現最細微的瑕疵，就會導致整個結構崩潰。所以牛頓確實夠聰明，他能夠理解到，均勻的無限宇宙確實是安定的，卻也始終危如累卵，瀕臨崩潰。換句話說，無限的力必須是無限精確地彼此抵銷，否則宇宙要嘛就會崩潰，否則就會被扯裂。

　　所以，牛頓的最終結論就是，宇宙平均而言是無限的而且是均勻的，不過偶爾上帝也必須調校宇宙中的恆星，這樣它們才不會在重力影響下塌縮。

夜空為什麼是黑色的？

不過這又引出了另一個問題。倘若我們從無限均勻的宇宙入手，那麼不論我們看向太空的任何地方，我們的眼光最終都會碰觸到一顆恆星。然而既然恆星數量是無限多的，肯定有無限數量的光，分從四面八方進入我們的眼簾。

夜空應該是白色的，不是黑色的；這就是所謂的奧伯斯悖論（Olbers' paradox）。

歷史上一些最偉大的思想家都曾投入試圖解決這道棘手的問題。好比克卜勒就曾批駁這項悖論，他宣稱宇宙是有限的，也因此沒有悖論。另有些人則構思認為塵埃雲霧遮掩了星光。（不過這並不能解釋那項悖論，因為在無止境時光裡面，塵埃雲霧會開始加溫，然後就會發出黑體輻射，導致類似恆星的結果。因此宇宙又會變成白色的。）

最終答案實際上是由埃德加・愛倫坡（Edgar Allan Poe）在一八四八年提出。身為業餘天文學者，他迷上了那項悖論，並曾說，夜空之所以是黑色的，理由在於，假使我們回溯時光足夠遙遠，最後我們就會遇上一道關卡，那就是宇宙的起點。換句話說，夜空之所以是黑色的，原因是宇宙的歲數有限。我們並沒有接收到從無限過往發出的光，因為

宇宙從來沒有無限過往，果真有的話，那就會讓夜空變成白色。這就表示，窺探最遙遠恆星的望遠鏡，最終就會看到大爆炸本身的黑顏色。

所以這實在是令人吃驚，我們竟然無需進行任何實驗，單憑純粹思想，就能歸結認定，宇宙肯定有個起點。

廣義相對論和宇宙

愛因斯坦在一九一五年構思廣義相對論時，也必須應付這些令人困惑的悖論。

回溯到一九二〇年代，當愛因斯坦最早開始應用他的理論來解釋宇宙本身時，天文學家便曾告訴他，宇宙是靜態的，既不膨脹也不收縮。然而愛因斯坦卻在他的方程式中發現了令人不安的事項。當他試行求解，方程式卻告訴他，宇宙是動態的，要嘛就膨脹，不然就收縮。（其實這就是本特利所提問題的解，不過當時他還沒有意識到這點。宇宙並沒有在重力影響下塌縮，因為宇宙不斷膨脹，克服了塌縮的傾向。）

為了找到靜態的宇宙，愛因斯坦被迫為他的方程式添加了一個捏造的要素（稱為宇宙常數〔cosmological

constant〕）。手動調校它的數值，他就可以消除宇宙的膨脹或收縮現象。

後來到了一九二九年，天文學家愛德溫・哈伯（Edwin Hubble）動用了加州威爾遜山天文台（Mount Wilson Observatory）的巨型望遠鏡，才得以做出驚人發現。宇宙畢竟是不斷膨脹，就如愛因斯坦的方程式原本所預測的那樣。他分析遙遠星系的都卜勒頻移（Doppler shift）現象，成就這項歷史性發現。（當恆星遠離我們，它的星光波長拉伸，於是就會轉為略帶紅色。當恆星朝我們運行，波長就會被壓縮，於是它就轉為略帶藍色。哈伯仔細分析眾星系，結果發現，平均而言，星系都有紅移現象，因此是遠離我們而去。宇宙不斷膨脹。）

一九三一年，愛因斯坦拜訪威爾遜山天文台並與哈伯見面。當愛因斯坦聽人提起，宇宙常數是不必要的，還有宇宙畢竟是不斷膨脹的，這時他承認，宇宙常數是他的「最大錯誤」。（實際上，稍後我們就會見到，宇宙常數在最近這些年來東山再起，所以就連他的大錯，顯然也開啟了科學研究的全新領域。）

這項結果還可能再推進一步，用來計算出宇宙的年齡。既然哈伯能計算出星系的遠離速率，我們應該也能夠「倒轉

錄影帶」，並計算出這種膨脹已經進行了多長的時間。這樣求得的宇宙年齡，最原始的答案是十八億年（這很尷尬，因為當時已知地球的年紀還要更大——四十六億歲。所幸，普朗克衛星的最新衛星資料顯示，宇宙的年齡是一百三十八億年）。

大爆炸的量子餘暉

當物理學家開始把量子理論應用於大爆炸，便掀起了宇宙學的下一場革命。俄羅斯物理學家喬治・伽莫夫（George Gamow）推敲，倘若宇宙剛開始時是一場超級高熱的浩瀚爆炸，那麼部分熱度就會存續至今。倘若我們把量子理論應用於大爆炸，那麼當時那個原始火球肯定就是個量子黑體輻射發送器。由於黑體輻射發送器的特性廣為人知，所以應該是有可能計算出大爆炸餘暉或迴響的那種輻射。

一九四八年，伽莫夫和他的兩位同事，拉爾夫・阿爾菲（Ralph Alpher）以及羅伯特・赫爾曼（Robert Herman），使用手邊的早期簡陋實驗，計算出如今大爆炸餘暉的溫度應該約為絕對零度以上五度。（實際數值是 2.73 凱氏度。）這就是宇宙在冷卻了數十億年之後的溫度。

這項預測在一九六四年經過驗證確認，當時阿諾·彭齊亞斯（Arno Penzias）和羅伯特·威爾遜（Robert Wilson）動用了霍姆德爾（Holmdel）的巨型電波望遠鏡，來偵測太空中的殘留輻射。（起初他們還認為這種背景輻射是出自他們所使用儀器的一項缺陷。根據傳言，他們是在普林斯頓發表演講時，才意識到自己的錯誤，當時聽眾群裡有個人表示，「你們要嘛就是偵測到了鳥屎，不然那就是宇宙的創生。」為測試這點，他們小心刮除電波望遠鏡上的所有鴿子糞便。）

　　如今這種微波背景輻射或許是有關大爆炸的最具有說服力，也最能令人信服的證據。一如預測，從最新近的背景輻射衛星照片，都能見到一團均勻的能量火球，平均分到宇宙各處。（當你聽到收音機的靜電雜音，其中有些實際上就是出自大爆炸。）

　　事實上，如今這些衛星照片已經十分精確，有可能在背景輻射中探測出量子不確定原理所激發的纖小微型漣漪。在創世那個瞬間，應該就存有後來引發這些漣漪的量子漲落。大爆炸若是完全平滑，也就違反了不確定性原理。這些漣漪最後就會隨著大爆炸而膨脹，創造出了我們在周遭見到的星系。（事實上，倘若我們的衛星並沒有在背景輻射當中偵測

到這些量子漣漪，則這項缺失就會毀掉把量子理論應用於宇宙的指望。）

這為我們帶來了一幅醒目的量子理論新圖像。我們生存在銀河系，周遭還有數十億座星系，這些事實正是肇因於原始大爆炸的微小量子漲落。你周遭所見的一切事物，在數十億年前只是這種背景輻射裡面的一個微小定點。

把量子理論應用於重力的下一個步驟，就是把從量子理論和標準模型習得的知識應用於廣義相對論的時候。

暴脹

受了一九七〇年代標準模型成功事例的鼓舞，阿蘭・古斯（Alan Guth）和安德烈・林德（Andrei Linde）兩位物理學家自問：從標準模型和量子理論習得的知識，能不能直接應用於大爆炸？

這是一道新穎的問題，因為標準模型在宇宙學上的運用，仍是尚未經過探索的範疇。古斯注意到，宇宙有兩個令人費解的層面，無法以他們所設想的大爆炸來解釋。

首先會遇上的是平坦問題。愛因斯坦的理論表明，時空組構應該帶了個微小曲率。不過當分析宇宙曲率之時，看來

它卻是比愛因斯坦理論所做預測平坦得多。事實上，宇宙看來是完全平坦的，起伏介於實驗誤差範圍之內。

第二，宇宙的均勻性遠超過應有的程度。大爆炸原始火球裡面應該帶有不規則和不完美之處。然而宇宙看來卻是十分均勻，不論我們朝天空何方凝望全都一樣。

兩項悖論都可以動用量子理論，以古斯所稱的暴脹（inflation）現象來予以解決。首先，根據這幅寫照，宇宙經歷了一陣增壓式劇烈膨脹，速率遠遠超過原本為大爆炸所設想的那種膨脹。這陣瘋狂膨脹基本上就讓宇宙變得平坦，也把原始宇宙所具有的不管哪種曲率全都給抹除了。

其次，原始宇宙有可能是不規則的，不過那種原始宇宙的一處微小碎片相當均勻，而且暴脹成龐大尺寸。因此，那就能解釋為什麼宇宙到了今天似乎是那麼均勻，因為我們是從出自一處纖小、均勻的碎片，而那個碎片則是根源自為我們帶來大爆炸的更大團火球。

暴脹發揮了十分深遠的影響。它代表我們周遭所見的可見宇宙，其實是隸屬於遠更宏大宇宙的一片小得不能再小的微小碎片，而那處較大的宇宙，則是位於迢迢遠處，我們是永遠看不到的。

不過起初是什麼因素促成暴脹呢？是什麼力量讓它啟動

的？宇宙究竟是為了什麼才膨脹？接著古斯從標準模型擷取靈感。就量子理論，你先從一種對稱性入手，接著用希格斯玻色子來破壞它，得到我們在周遭八方見到的宇宙。相同道理，古斯接著就構思設想，或許有某種新類型的希格斯玻色子（稱為暴脹子〔inflaton〕）來促使暴脹得以實現。如同最初的希格斯玻色子，宇宙一開始是出現在偽真空之中，並為我們帶來了一段快速暴脹的時期。不過接著在暴脹場中出現了量子泡泡。泡泡裡面出現了真真空，這裡的暴脹已經停止。我們的宇宙出現時就是個這種泡泡。宇宙在泡泡裡面放慢了速度，為我們帶來了今天的膨脹。

到現在為止，暴脹似乎能與天文學資料一致相符。暴脹論是當前的領導理論，然而它卻帶有料想不到的後果。倘若我們動用了量子理論，這就意味著大爆炸會一次又一次地發生，新的宇宙有可能在我們的宇宙之外不斷誕生。

這就表示，我們的宇宙實際上是宇宙泡泡澡裡面的單獨一個泡泡，由此便創建出了一種由平行宇宙所構成的多重宇宙。這仍然留下一個棘手的未解難題：首先是什麼因素驅動暴脹？到下一章我們就會看到，這需要一種還要更先進的理論，也就是萬有理論。

脫韁的宇宙

廣義相對論不只帶來了空前見識，讓我們更深刻地認識了宇宙的開端，它還帶給我們一幅宇宙最終命運的寫照。當然了，古代宗教也為我們描繪出了時光終點的鮮明影像。古代維京人認為，世界會在諸神的黃昏中終結，到那時候，一陣規模宏大的狂風暴雪就會吞噬整顆星球，而諸神會發起最後一場戰役，迎擊他們的天界強敵。就基督徒而言，《啟示錄》預示了耶穌再臨之前會出現的災難和浩劫，也就是末日四騎士的到臨。

不過對物理學家來說，傳統上萬物有兩種終結的方式。若是宇宙的密度很低，那麼就沒有充沛的重力讓恆星和星系逆轉宇宙膨脹，於是宇宙就會永遠膨脹下去，終至陷入大凍結（Big Freeze）並慢慢地死去。恆星最終都會耗盡它們的所有核燃料，天空會轉為黑色，就連黑洞都要蒸發。宇宙到最後就會成為一處沒有生命，只剩次原子粒子四處漂流的超冷汪洋。

倘若宇宙的密度夠高，恆星和星系的重力就可能足夠逆轉宇宙膨脹。恆星和星系最終就會塌縮形成大崩墜（Big Crunch），到那時候，溫度就會飆升並吞噬宇宙間的所有生

命。（有些物理學家還曾推測，說不定宇宙接著還會捲土重來，再來一次大爆炸，創造出一種震盪的宇宙。）

不過到了一九九八年，天文學家發布一項驚人聲明，推翻了許許多多我們珍視的信念，迫使我們修改教科書。藉由分析遍布宇宙遙遠之外的超新星，他們發現，宇宙並不像以往所想那樣減緩它的膨脹速率，其實卻是加速進行。事實上，宇宙正在進入一種脫韁模式。他們只好修改先前的兩種情節，於是一種新的理論出現了。或許宇宙會死於所謂的「大撕裂」（Big Rip），到時宇宙的膨脹就會加快到令人炫目的速度。宇宙會膨脹得十分快速，夜空會變成一片暗黑（因為鄰近恆星發出的光沒辦法傳到我們這裡），而萬物也都會降溫到接近絕對零度。

生命在那種溫度下不可能存活，就連外太空的分子也失去它們的能量。

導致這種脫韁膨脹的原因，有可能就是愛因斯坦在一九二〇年代所拋棄的東西，宇宙常數或真空能量，也說不定就是現在所稱的暗能量（dark energy）。令人驚訝的是，宇宙間的暗能量為數十分龐大。宇宙間的所有物質和能量，有百分之六十八點三表現出這種神祕的樣式。（總體來講，暗能量和暗物質構成了絕大部分的質／能，不過它們是兩類迥然

不同的實體，不能混為一談。）

諷刺的是，這沒辦法以已知的一切理論來解釋。倘若我們（使用相對論和量子理論的假設）盲目試行計算宇宙間暗能量的數量，我們求出的數值，就會 10^{120} 倍於實際數值！（這個倍率就是 1 後面跟著 120 個零。）

這是整個科學史上最大的誤差，再沒有更高的賭注了：宇宙本身命懸一線。

這可以告訴我們，宇宙本身會怎樣死去。

全面通緝：重力子

儘管廣義相對論相關研究停滯了幾十年，近年來量子在相對論上的應用，隨著新儀器紛紛上線，業已開啟了意想不到的壯麗景象。新的研究蓬勃興起。

不過到現在為止，我們只討論了如何應用量子力學來解釋在愛因斯坦理論的重力場內移動的物質。我們還沒有討論遠更為困難的問題：以重力子型式把量子力學應用於重力本身，也就是重力子。

也就是在這裡，我們遇上了最大的問題：尋覓重力的量子理論，而這已經讓一群舉世最偉大物理學家困擾挫敗了幾

十年。所以就讓我們回顧一下，到目前為止，我們學到了哪些知識。我們回想，當我們把量子理論應用於光，我們引進了光子，那是光的粒子。當這種光子運動時，它的周遭環繞了電場和磁場，而且兩種場都振盪並瀰漫空間且服從馬克士威的方程式，這就是為什麼光同時具有粒子和波狀性質。馬克士威方程式的威力就在於它們的對稱性，也就是得以把電場和磁場彼此對調互換的能力。

當光子撞上電子，描述這種交互作用場的方程式，就會得出無限大的結果。不過只要動用上費曼、施溫格和朝永振一郎等許多人所設計的錦囊妙策，我們就有辦法把所有的無限大隱藏起來，這樣得出的理論稱為量子電動力學。其次，我們把這種方法應用於核力。我們把原來的馬克士威場換下來，改以楊－米爾斯場取而代之，同時換下電子並以一系列夸克和微中子等來予以取代。接著我們導入特‧胡夫特和他的同事設計的一組嶄新的錦囊妙策，再一次消除所有的無限大。

所以，宇宙的四種力當中，有三種如今已經統一納入了單獨一個理論，標準模型。這樣產生的理論並不是非常漂亮，因為它是結合強核力、弱核力和電磁力的對稱性，拼湊成形的，不過它行得通。然而當我們把這種久經考驗的方法

應用於重力，我們就遇上了麻煩。

就理論而言，重力的粒子應該稱為重力子。就如光子，它也是種點狀粒子，它的周圍包繞了服從愛因斯坦方程式的重力波。

到目前為止還很好。不過當重力子撞上其他重力子還有原子的時候，問題就出現了。這樣的互撞會產生出無限大的答案。當我們嘗試把過去七十年來艱苦研擬出來的錦囊妙策拿來應用，卻發現它們全都失靈了。本世紀最偉大的思想家投入試圖解決這個問題，卻沒有人能成功。

顯然，必須動用上某種全新的方法，因為所有的簡單理念，都曾被深入探究並予以棄置。我們需要某種真正新穎、原創的構想，因此這就引領我們設想出物理學最具爭議性的理論——弦論，這有可能夠瘋狂，可以成為萬有理論了。

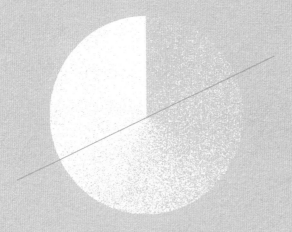

第六章

弦論興起：指望和問題

前面我們看到，一九○○年左右，物理學界有兩大支柱：牛頓的重力定律和馬克士威的光方程式。愛因斯坦意識到，這兩大支柱是相互衝突的。其中一種肯定要崩潰。牛頓力學的失勢，推動了二十世紀的科學大革命。

如今歷史或許正在重演。我們再次擁有物理學兩大支柱。就一方面，我們有種關於非常大的理論，愛因斯坦的重力理論，為我們帶來了黑洞、大爆炸和膨脹宇宙。就另一方面，我們有種關於非常小的理論，量子理論，用來解釋次原子粒子的行為。問題在於，它們彼此對立衝突。它們的根基分別出自兩種不同的原理，兩種不同的數學，還有兩種不同的哲學。

我們期望下一場大革命能把兩大支柱統合為一。

弦論

一切都從一九六八年開始，當年兩位年輕物理學家，加布里埃萊·韋內齊亞諾（Gabriele Veneziano）和鈴木真彥（Mahiko Suzuki）翻閱數學書籍時，偶然讀到了數學家李昂哈德·尤拉（Leonhard Euler）在十八世紀時發現的一組奇特的公式。這項公式似乎是在描述兩顆次原子粒子的散射作

用！十八世紀的抽象公式，怎麼可能描述我們的原子對撞機做出的最新成果？物理學照講是不會這樣運作的。

後來，包括南部陽一郎（Yoichiro Nambu）、霍爾格‧尼爾森（Holger Nielsen）和李奧納特‧色斯金（Leonard Susskind）在內的部分物理學家才了解，這項公式的特性便代表了兩根弦的交互作用。不久之後，這項公式就經類推到種種不同方程式，代表多重弦的散射方式。（這實際上就是我的博士論文主題，計算出任意數量的弦的整組交互作用。）接著研究人員才得以把自旋粒子導入弦論。

弦論就像油井，猛然噴發洪流，新的方程式泉湧而出。（就我個人而言，我對這點並不感滿意，因為自從法拉第以來，物理學始終以各種場來呈現，因為場能簡明扼要地總結大量資訊。相較而言，弦論是一批不相干方程式的組合。當時我的同事吉川圭二[1]和我成功把整套弦論以場的語彙寫了出來，創造出所謂的弦場論〔string field theory〕。整套弦論都能以我們的方程式，總結納入短短一英吋長的場論方程式。）

方程式紛紛湧現，醞釀出了一幅新的景象。為什麼有那麼多粒子？就像兩千多年前的畢達哥拉斯，理論說，每個音符 —— 琴弦的每次振動 —— 都代表一顆粒子。電子、夸克、

楊－米爾斯粒子不過就是相同振動弦的不同音符。

那種理論之所以這般強大又這麼有趣，道理就在於重力也必然含括在內。在沒有任何額外假設的情況下，重力子也出現了，納入為那條弦的最低振動頻率之一。事實上，就算愛因斯坦從來沒有誕生，單靠檢視弦的最低振動，很可能也就發現了他的整套重力理論。

物理學家愛德華・維騰（Edward Witten）便曾說，「弦論極具吸引力是由於重力被硬塞給我們。所有已知的一致相符的弦論都包含重力，所以儘管我們所知的量子場論完全不可能含括重力，然而在弦論這卻是必不可少的。」

十個維度

不過當理論開始演變，愈來愈多完全料想不到的的荒謬特徵，也開始顯現出來。例如，結果發現該理論只能存在於十個維度！

這讓物理學家大感震驚，因為從來沒有人見過這樣的東西。一般來講，任何理論都可以隨你喜好在任意維度表達。我們乾脆拋棄這其他理論，因為我們顯然是居住在一個三維世界裡面。（我們只能向前、朝側邊和上下移動。倘若我

們加上時間，那麼要想在宇宙中確定任意事件的發生位置，都得用上四個維度。舉例來說，倘若我們想和某個人在曼哈頓見面，那麼我們或許就會說，那我們就約正午在第五大道和第四十二街的路口，在十樓見面。然而，若是超過四個維度，不論怎麼嘗試，我們都沒辦法在這裡面移動。事實上，我們的腦子根本沒辦法意會該怎樣在較高維度裡面移動。所以，所有關於較高維度弦論的研究，全都是使用純數學來完成。）

不過就弦論而言，時空的幅員都完全固定於十個維度。到了其他維度，從數學來看，那個理論就會瓦解。

我仍然記得，當弦論提出我們住在十維度宇宙的假設時，物理學界所感受到的那種震撼。多數物理學家認為這就證明了理論是錯的。當弦論的首要建築師之一，約翰·施瓦茨（John Schwarz）在加州理工學院搭電梯時，費曼就會向他刺探問道，「啊，約翰，今天你是在多少個維度裡面啊？」

然而這些年下來，物理學家漸漸開始證明，其他所有競爭理論全都有致命的瑕疵。舉例來說，許多理論都由於量子校正得出無限大或者反常結果（也就是在數學上並不一致）而可以予以排除。

所以隨著時間流逝，物理學家也開始熱衷於一項理念，認為說不定我們的宇宙畢竟有可能是十維度的。最後到了一九八四年，施瓦茨和麥可・格林（Michael Green）證明，弦論完全沒有先前其他統一場論候選理論所遇上的那些要命的問題。

倘若弦論是正確的，那麼宇宙說不定原本是十個維度的。然而宇宙並不安定，這其中六個維度也因故收捲起來，於是它們都變得太小，觀測不到了。因此，我們的宇宙有可能實際上是十維度的，然而我們的原子太大了，沒辦法進入這些微小的較高維度。

重力子

儘管弦論帶有這種種瘋狂特性，有一件事情卻讓它存續至今，那就是它成功地媒合了物理學界兩大理論，廣義相對論和量子理論，為我們帶來了一種量子重力的有限理論。這所有的振奮之情，全都出自這點。

前面我們提過，倘若你為量子電動力學或者楊－米爾斯粒子增添量子校正，你就會得到泉湧而出的無限大值，而這些就必須仔細、慎重地予以移除。

不過當我們強迫媒合自然界兩大理論，嘗試把相對論和量子理論送做堆時，所有這一切全都失敗了。當我們把量子原理應用於重力時，我們必須把重力拆解成能量封包，或者量子，稱為重力子。接著我們計算這些重力子與其他重力子還有與物質（例如電子）的碰撞。然而當我們這樣做時，費曼和特·胡夫特發現的錦囊妙策整個都悽慘落敗。重力子與其他重力子交互作用所致量子校正都是無限的，讓先前世世代代物理學家所發現的一切方法全都束手。

這就是下一項魔法發揮的所在。弦論可以把難倒物理學家將近一個世紀的這些麻煩給消除乾淨。而這項魔法也再次藉由對稱性來施展。

超對稱

從歷史上看，讓我們的方程式對稱始終都是件好事，不過那是種奢侈，不是絕對必要的。然而就量子理論而言，對稱性卻成為物理學的最重要特徵。

我們已經確認，當我們為理論計算量子校正之時，這些量子校正往往趨於發散（也就是變為無限的）或反常（也就是違反理論的原有對稱性）。物理學家直到過去幾十年間才

意識到，對稱性不單只是一項理論的討喜特徵，實際上那還是種核心要件。**要求理論對稱，往往可以消除危害不對稱的理論的發散和反常現象**。對稱性是一柄利劍，物理學家就用它來擊敗量子校正所釋出的惡龍。

前面我們也曾提過，狄拉克發現，他描述電子的方程式預測它有自旋（這是那組方程式的一種數學特徵，就很像是

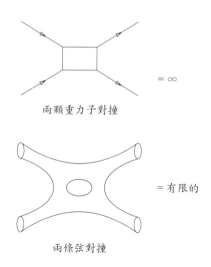

兩顆重力子對撞 = ∞

兩條弦對撞 = 有限的

圖 11：計算兩顆重力子互撞（頂）之時，求出的答案是無限的，因此是無意義的。不過當兩根弦互撞（底）我們就會得出兩個數項，一個得自玻色子，另一個得自費米子。就弦論的情況，這兩項會完全抵銷，協助產生出一種量子重力有限理論。

我們在身邊周遭到處可見的那種熟悉的自旋）。後來物理學家發現，所有次原子粒子都有自旋。不過自旋區分兩種類型。

就某些量子單元，自旋要嘛就是整數的（好比 0、1 或者 2），不然就是半整數的（例如 1/2、3/2）。首先，具有整數自旋的粒子能描述宇宙的種種力。它們包括光子和楊－米爾斯粒子（自旋為 1），還有重力的粒子，重力子（自旋為 2）。這些粒子稱為玻色子（名稱起自印度物理學家薩特延德拉‧玻色〔Satyendra Nath Bose〕的姓氏）。所以自然界的力是由玻色子介導的。

接著還有構成宇宙間物質的粒子。它們具有半整數自旋，好比電子、微中子和夸克（自旋為 1/2）。這類粒子稱為費米子（名稱得自費米的姓氏），由此我們就可以製造出原子的其他粒子：質子和中子。所以，我們身體的原子就是一批批費米子組合。

兩類次原子粒子

費米子（物質）	玻色子（力）
電子、夸克	光子、重力子、
微中子、質子	楊－米爾斯

接著崎田文二（Bunji Sakita）和尚－盧・傑維（Jean-Loup Gervais）證明了弦論有種新的對稱，稱為超對稱性。從此以後，超對稱就不斷擴充，迄今它已經成為物理學所曾找到的最大對稱性。前面我們也曾強調，在物理學家眼中，美就是對稱的，這讓我們可以找到不同粒子之間的連帶關係。

於是宇宙間的所有粒子，就可以藉由超對稱來統一起來。我們前面已經強調，對稱性能把物件的成分重新排列，並使原始的物件保持不變。這裡我們重新排列我們方程式中的粒子，使費米子和玻色子能夠互換，反之亦然。這就成為弦論的核心特徵，於是整個宇宙的粒子，就可以相互重新排列。

這就表示，每顆粒子都有個超夥伴粒子（super partner），稱為超伴子（sparticle），或就是超對稱粒子（super particle）。舉例來說，電子的超夥伴粒子稱為超電子（selectron）。夸克的超夥伴粒子稱為超夸克（squark）。輕子（好比電子或微中子）的超夥伴粒子稱為超輕子（slepton）。

不過弦論發生了某種驚人的事情。為弦論計算量子校正之時，你得投入兩種不同項目。你有得自費米子和得自玻色子的量子校正。奇妙的是，它們的大小相等，卻各自帶了相反的符號。一項或許帶了正號，另一項卻是帶了負號。事實

上，把它們相加起來時，這些項目都會相互抵銷，從而產生出有限的結果。

　　將近一個世紀以來，相對論和量子理論的媒合，始終讓物理學家困擾不已，不過費米子和玻色子的對稱性（稱為超對稱）讓我們得以彼此抵銷這許多無限性。不久，物理學家便發現了其他一些方法，同樣也能消除這些無限性，從而產生出有限結果。所以這就是環繞弦論的所有振奮激情的根源所在：它可以把重力和量子理論統一起來。沒有其他理論可以做此主張。這或許能滿足狄拉克最初所提異議。他之所以嫌惡重整化理論，理由在於儘管理論取得了令人難以置信而且不可否認的成功結果，它卻牽涉到加減無限大的種種數值。這裡我們見到，在沒有重整化情況下，理論本身是有限的。

　　接下來，這就有可能滿足愛因斯坦本人原本所提出的設想。有一次他拿他的重力理論來和平滑、優雅而且研磨拋光的大理石相提並論。至於物質，相形之下就比較像是木材。樹幹凹凸不平、混亂、粗糙，並沒有規律的幾何圖案。他的最終目標是要研擬出一種統一理論，期盼能以此來結合大理石和木材，構成單一的型式，也就是「**要創造出一種完全由大理石所建構而成的理論**」。這就是愛因斯坦的夢想。

弦論可以完成這幅寫照。超對稱是能把大理石轉變成木材且反之亦然的一種對稱性。它們成為同一件事情的兩個層面。就這幅寫照，大理石是由玻色子來代表，木材則是由費米子來表示。儘管沒有實驗證據表明自然界存有超對稱，然而它是那麼優雅又那麼美，因此它能抓住物理學界的想像力。

誠如溫伯格所述，「儘管在我們看來對稱性是隱藏的，我們依然能夠察覺它們潛伏在自然界中，支配有關我們的一切事項。這是我所知的最令人振奮的理念：大自然遠比它表面看來還更單純。再沒有比這更能讓我滿懷期盼的，那就是我們這個世代的人類，或許手中真的握著解開宇宙之謎的鑰匙 —— 在我們有生之年，說不定我們就能解答，為什麼我們在這處充滿星系和粒子的浩瀚宇宙所見的一切，從邏輯上來講，全都勢所必然。」[2]

總而言之，依我們當前所見，對稱性或許就是統一宇宙所有定律的關鍵，這得歸功於好幾項出色的成就：

- 對稱性能從無序創造秩序。化學元素和次原子粒子的混亂局面，經過門得列夫週期表和標準模型之手，就可以把它們重新排列成整潔、對稱的樣式。

- 對稱性有助於填補缺口。對稱性讓你可以從這些理論離析出缺口，從而得以預測出種種新的元素和次原子粒子。
- 對稱性能把完全料想不到而且看似無關的物件統一在一起，對稱性能找到空間和時間、物質和能量、電和磁，以及費米子和玻色子的連帶關係。

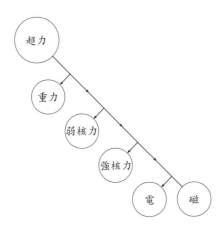

圖12：在時間的開端，據信當時有種單一的超力，它的對稱性包含了宇宙間所有粒子。然而超力很不安定，它的對稱性開始破缺。第一種分離出來的是重力。接下來就是強核力和弱核力，於是剩下電磁力。所以如今的宇宙看來是破碎的，所有力看來彼此都非常不同。物理學家的工作就是要把這些碎片重組起來，化為單一的力。

- 對稱性揭示出料想不到的現象。對稱性預測了存有反物質、自旋和夸克等新的現象。
- 對稱性消除了有可能破壞理論的不良後果。量子校正通常會帶來災難性的發散和反常情況，而這些都能以對稱性來予消除。
- 對稱性改變了原始經典理論。弦論的量子校正十分嚴苛，實際上它們業已改變了原始理論，固定了時空的維度數。

　　超弦論利用了這所有的特徵。它的對稱性是超對稱性（能讓玻色子和費米子互換的對稱性）。接下來，超對稱是物理學所曾找到的最大對稱性，它能統一宇宙間的所有已知粒子。

M 理論

　　我們還沒有完成弦論的最後步驟，找出它的基本物理原理，也就是說，我們還不知道該如何從單一方程式推演出整套理論。一九九五年發生了一次大震撼，當時弦論又一次經歷轉型，出現了一個新的理論，稱為 M 理論（M-theory）。

原始弦論的問題在於，量子重力有五個截然不同的版本，每種都是有限的，而且定義相當明確。五種弦論看來都非常相似，唯一的差別在於，它們的自旋各自有不同的安排。人們開始問道：為什麼要有五種？物理學家多半認為，宇宙應該是獨一無二的。

物理學家維騰發現，實際上有種隱藏的十一維度理論，稱為 M 理論，而且它的基礎並不只是弦，而是以（類似球體或甜甜圈表面的）薄膜（Membrane）為本。他有辦法解釋，為什麼有五種不同的弦論，因為有五種方法可以讓十一維度的薄膜塌縮化為十維度的弦。

換句話說，所有五個版本的弦論，都是相同 M 理論的不同數學表示。（所以弦論和 M 理論其實是相同的理論，唯一差別在於，弦論是十一維度的 M 理論的十維度縮減版。）不過一種十一維度理論，怎麼會產生出五種十維度理論？

例如，想想沙灘球。倘若我們讓空氣流出，球就會塌縮，逐漸變成一條香腸的模樣。倘若我們再讓更多空氣流出，香腸就會變成弦。因此，弦實際上是變相的薄膜，彷彿它的空氣被放了出來。

倘若我們從一個十一維度的沙灘球入手，你能以數學來

表明，它共有五種方式可以塌縮成一條十維度的弦。

　　或者設想盲人第一次摸象的故事。一位智者碰觸大象的耳朵，於是他宣稱大象是平坦的，而且是兩維度的，就像把扇子。另一位智者碰觸尾巴，並設想大象就像條繩子，或者就像條一維度的弦。再有一位碰觸一條腿，並得出結論認為，大象是一個三維度的鼓或圓柱。然而就實際上，若是我們後退一步，抬升到第三維度，我們就可以看出，大象是種三個維度的動物。相同道理，這五種不同的弦論就像是耳朵、尾巴和腿，不過我們依然還沒有呈現出完整的大象 —— M 理論。

全像宇宙

　　我們已經提到，隨著時間流逝，弦論的新層面也已經被人發現。就在 M 理論於一九九五年提出之後不久，[3] 胡安‧馬爾達西那（Juan Maldacena）又在一九九七年成就了另一項驚人發現。

　　他證明了某種一度被認為不可能的現象，顛覆了整個物理學界：能描述次原子粒子在四維度中行為的超對稱的楊－米爾斯理論，與某種十維度弦論是對偶的，或就是在數學上

是等價的。這讓物理學界陷入一場混亂。到了二○一五年，引用這篇論文的論文數已經達到一萬，讓它成為高能物理學遠遠最富影響力的著述。（對稱性和對偶性是相關的，卻也並不相同。當我們重新排列單一方程式的組件，結果依然保持不變，這時出現的就是對稱性。當我們表明，兩種完全不同的理論，實際上在數學上是等價的，這就是種對偶性。值得注意的是，弦論兼具這兩種非同小可的特徵。）

我們已經見到，馬克士威方程式的電場和磁場之間具有對偶性，也就是說，倘若我們逆轉這兩種場，把電場轉變成磁場，方程式依然保持不變。（我們可以從數學角度來理解這點，因為電磁方程式通常包含 $E^2 + B^2$ 之類的數項，當我們旋轉互換兩個場，結果依然保持不變，就像畢氏定理。）相同道理，十維度弦論有五個迥異類別，而且可以證明是相互對偶的，因此它們其實就是單獨一個變相的十一維度 M 理論。所以，對偶性很搶眼地表明了兩種理論其實是同一種理論的兩個不同層面。

不過馬爾達西那證明了十維度的弦和四維度的超楊－米爾斯理論還有另一種對偶性。這是一項完全料想不到的發展，卻具有深遠的意含。它表示，在完全不同的維度界定的重力和核力之間，具有很深遠的，意想不到的連帶關係。

通常對偶性都見於維度數相等的弦之間。舉例來說，只要重新排列描述這些弦的數項，我們通常就能把一種弦論改變成另一種。這就在不同弦論之間創造出了一組對偶網，而這些理論都是在相同維度中定義。然而在不同維度中定義的兩個物件之間竟然也具有對偶性，這就聞所未聞了。

這並不是個學術問題，因為它對於認識核力具有很深遠的意含。舉例來說，前面我們看到，如楊－米爾斯所呈現之樣貌的四維度的規範場論（gauge theory）是如何為我們帶來核力的最佳描述，卻仍沒有人能夠求出楊－米爾斯場的明確解。然而既然四維度的規範場論和十維度的弦論有可能具有對偶性，這就表示，量子重力或許就握有理解核力的鎖鑰。這是個令人訝異的啟示，因為這就意味著使用弦論可以最完滿地描述核力的基本特徵（好比計算質子的質量）。

這就在物理學界引發了一點認同危機。專門從事核力工作的人，投入終身研究三維度的物件，好比質子和中子，還經常嘲笑從事較高維度研究的物理學家。然而在重力和規範場論之間的這種新的對偶性出現之後，突然之間，這些物理學家發現自己努力嘗試學習有關十維度弦論的所有事項，因為那說不定就握有理解四維度核力的鎖鑰。

然而，從這種奇異的對偶性，卻又萌發出了另一個料想

不到的發展，稱為全像原理（holographic principle）。全像圖是二維度的平坦塑膠片，裡面包含特別編碼納入其中的三維度物件影像。只需發出一束雷射照射平面螢光幕，三維度影像就會突然顯現出來。換句話說，創造三維度影像所需一切資訊，全都使用雷射編碼納入一幅平坦的二維度螢光幕，好比《星際大戰》片中機器人 R_2-D_2 投射的莉亞公主，還有迪士尼樂園「幽靈公館」屋內在我們身邊飄來飄去的三維度鬼魂。

這項原理也適用於黑洞。前面我們也曾見過，倘若我們把一部百科全書拋進黑洞，根據量子力學，那些書裡面包含的資訊不可能消失不見。所以資訊去了哪裡？有一項理論提出，它分散到了黑洞事件視界的表面。所以黑洞的二維度表面，也就包含了曾經被拋擲進洞的所有三維度物件的所有資訊。

這也影響及於我們對現實的概念。當然了，我們深信我們是三維度物件，能在以長、寬、高這三個數字界定的空間裡面移動。不過說不定這是種錯覺。或許我們是住在全像圖裡面。

或許我們所體驗的三維度世界，不過就是真實世界的一道影子，而且真實世界實際上是十或十一維度的。當我們在

三維度空間裡面移動，我們所體驗的真實自我，實際上是在十或十一維度裡面移動。當我們沿著街道走去，我們的影子跟隨我們，就像我們那樣移動，只除了影子是存在於兩個維度。相同道理，或許我們是在三維度裡面移動的影子，而我們的真實自我則是在十或十一維度裡面移動。

總而言之，我們看到，隨著時間流逝，弦論也披露了新的、完全料想不到的結果。這就表示，我們依然不是真正了解理論背後的根本基礎原理。或許到了最後，事實就會證明，弦論畢竟並不真的是種有關弦的理論，因為研擬十一維度公式之時，弦可以表達為膜。

這就是為什麼要拿弦論來和實驗做比對為時尚早。一旦我們披露弦論背後的真正原理，或許我們就能找到方法來檢定它，也說不定到時我們就能蓋棺論定確認它是不是萬有理論，或者就是種一無所有的理論。

檢定理論

不過即便弦論取得了豐碩的理論成果，它依然有個明顯的罩門。任何理論提出像弦論所提那般強勢的主張，自然會引來一幫詆毀批評群眾。我們必須不斷拿卡爾・薩根（Carl

Sagan）的一番話來提醒自己，他曾說過「非凡的主張必定需要非凡的證據。」（而且我還聽人提起，擅長奚落言詞的包立的一段憤世嫉俗說法。聽人演講時，他或許會說，「你講的實在含混不清，我們沒辦法分辨那是不是廢話。」[4]他還可能說，「我不介意你思考緩慢，不過當你發表得比你想得還快，那我就會提出抗議。」若是他還活著，或許他就會針對弦論說出這番話。）

這場爭辯十分劇烈，物理學界的頂尖人才就這項課題出現重大分歧。自從在至關重大的一九三〇年第六屆索爾維會議上，愛因斯坦和波耳就量子理論的問題互相較勁以來，科學界還沒有見識過這般嚴重的分裂。

諾貝爾獎得主就這個問題也分採相左立場。格拉肖便曾寫道，「幾十位最高明、最聰明的人才投入多年致力研究，[5]卻得不出一項可以驗證的預測，也不指望短期內會出現成果。」特‧胡夫特甚至還說，對於弦論的相關興趣，可以比擬為「美國的電視廣告」，也就是說，完全都是天花亂墜和搖旗吶喊，卻沒有絲毫內容。

另有些人則誇讚弦論的優點。大衛‧格羅斯（David Gross）便曾寫道，「愛因斯坦對這點想必會很開心，起碼就目標而言，就算不是實際實現……他應該會喜歡底層有個

幾何原理之實 —— 不幸的是，這點我們還不是真的了解。」

溫伯格曾拿弦論來與歷史上尋找北極的努力做了比較。所有的地球古地圖，在北極應該座落的位置都有個巨大開孔。然而卻沒有人看過它。地球上任何地方，所有指南針全都指朝這處神祕的位置。不過要尋覓寓言中那處北極的嘗試，全都以失敗告終。在古代航海人的心中，他們全都知道，肯定有個北極，卻沒有人能證明這點。有些人甚至懷疑真有那處地點。然而，經過了好幾個世紀的推測，羅伯特·皮里（Robert Peary）終於在一九〇九年真正在北極駐足。

弦論批評家格拉肖承認，他在這場爭辯裡面寡不敵眾。他有次評述道，「我發現自己是這處自負哺乳類世界裡面的一隻恐龍。」[6]

對弦論的批評

針對弦論有好幾項主要的批評。論者聲稱，理論完全只是炒作；它本身的美，就物理學而言是種不可靠的指南；它預測了太多宇宙；還有，最重要的是，它是不可測試的。

偉大天文學家克卜勒也一度受了美的力量的誤導。他被一種現象給迷上了，那就是太陽系就像彼此內外套疊的規律

多面體的組合。好幾個世紀之前，希臘人已經列舉了這當中五個多面體（例如立方體和三角錐體等）。克卜勒注意到，只要循序把這些多面體循序套進彼此裡面，就像俄羅斯娃娃，我們就能重現出太陽系的部分細節。這是一項很美的理念，結果卻發現，那完全是錯的。

最近有些物理學家對弦論提出批評，表示就物理學而言，把美當成判據就會造成誤導。只因為弦論具有出色的數學特性，並不代表它擁有真理的內核。他們正確指出，美麗的理論有時是死胡同。

不過詩人經常引述約翰‧濟慈（John Keats）《希臘古甕頌》（英語：Ode on a Grecian Urn）詩中詞句：

美即是真，真即是美 —— 那就是全部
你們在世上所知，也是你們需要得知的一切。

狄拉克的一段話，肯定便遵循了這項原則，他寫道，「當研究人員努力以數學型式來表達自然基本定律，主要都應該著眼於數學之美。」[7] 事實上，後來他還曾寫道，他能發現他的著名電子理論，並不是靠檢視資料，而是藉由擺弄純數學公式來達成的。

由於美在物理學裡面具有強大的力量，美肯定往往會引導你誤入歧途。物理學家薩賓・霍森費爾德（Sabine Hossenfelder）便曾寫道，「美麗的理論被排除的已經有好幾百個，包括種種統一力和新粒子的理論，還有納入額外對稱性和其他宇宙的理論。這所有理論都錯、錯、錯。仰賴美顯然不是個成功的策略。」[8]

　　批評者聲稱，弦論擁有美麗的數學，不過這和物理現實大概是毫無關係的。

　　這則批評帶有若干正確性，不過我們必須明白，弦論所具有的類似超對稱這樣的層面，在物理應用價值上並非一無是處。儘管目前還沒有找到超對稱性的相關證據，如今則已經證實，它在消除量子理論之眾多缺陷上是不可或缺的。超對稱性可以讓玻色子和費米子相互抵銷，從而得以解答一道長期存在的問題，那就是如何消除困擾量子重力的發散現象。

　　並不是所有美麗的理論都有物理應用價值，不過迄今所發現的所有基礎物理理論，毫無例外都有某種內在的美或者內建的對稱性。

它能測試嗎？

對弦論的最嚴重批評是它是不可測試的。重力子所具有的能量稱為普朗克能量，其能量等級千兆倍於大型強子對撞機所能發出的能量。想像投入嘗試建造一台規模千兆倍於現今大型強子對撞機尺度的設施！要想直接測試那項理論，我們恐怕得動用上一台星系尺寸的粒子加速器才夠。

此外，弦論的各個解都分別是個完整的宇宙，而且它似乎有為數無窮的解。要想直接測試那項理論，我們就必須在實驗室中創造出嬰宇宙！換句話說，唯有上帝才能真正直接測試那項理論，道理就在那項理論是以宇宙為本，而不是以原子或分子為基礎。

所以，乍看之下，弦論並沒有通過適用於一切理論的試金石——可測試性。然而推廣弦論的人士並不感煩憂。前面我們已經確認，多數科學都是間接完成的，好比靠檢定太陽和大爆炸的回聲等。

我們也採相仿方式來尋覓第十和第十一維度的回波。或許弦論的證據便隱藏在我們周邊四處，不過我們必須傾聽它的回聲，而非嘗試對它進行直接觀測。

舉例來說，超空間的一種可能徵兆是暗物質的存在。直

到最近，人們還普遍認為，宇宙主要是由原子所組成的。結果卻讓天文學家大感震驚，他們發現，宇宙只有百分之四點九是以氫、氦一類的原子所構成的。實際上，絕大部分宇宙都是暗物質和暗能量，藏匿起來不為我們所見。（百分之二十六點八的宇宙是由暗物質所組成的，那是種無形無影的物質，環繞分於星系周遭，讓它們不致於分崩離析。還有百分之六十八點三的宇宙是由暗能量所構成，這還更為神祕，那是存在於虛無空間，能驅使星系飛離的能量。）說不定萬有理論的證據，就隱藏在這部分無形無影的宇宙當中。

搜尋暗物質

暗物質很奇怪，它無形無影，卻能把銀河系束縛在一起。不過由於有重量但無電荷，倘若你嘗試把暗物質握在手中，它就會從你的指縫灑落，彷彿它們並沒有在那裡。若是它下墜透過地面，穿越地球核心，接著竄到了地球的另一側，到了那裡，重力就會讓它反轉走向，落回你所在的位置。接著它就會在你和星球另一側之間往返振盪，彷彿地球並沒有在那裡。

儘管暗物質這麼奇怪，我們仍知道它必然存在。倘若我

們分析銀河系的自旋並運用牛頓定律，我們就會發現，不會有足夠的質量來抵銷那股離心力。根據我們所見到的質量數額，宇宙間的星系應該很不安定，而且它們應該會分崩離析，然而它們的安定處境已經延續了數十億年。所以我們有兩個選擇：要嘛牛頓的方程式應用於星系時並不正確，不然就是存有某種我們還沒見到的物體，來讓星系保持完整。（我們還記得，海王星就是以這相同方式找到的，因為天王星的軌道偏離完美橢圓，我們才假設有某顆新的行星來予解釋。）

目前，暗物質的首要候選品類號稱弱交互作用大質量粒子（weakly interacting massive particles, WIMPs）。這當中有個很有希望的可能選項是光子的超對稱伴子，命名為光微子（photino）。光微子很安定，具有質量，不過是看不到的，而且不荷電，正與暗物質的特有屬性相符。物理學家相信，地球是在一種無形無影的暗物質風中穿行，而且或許現在那股暗物質也正吹拂穿越你的身體。倘若有顆光微子和一顆質子互撞，它就有可能導致質子碎裂灑落一簇次原子粒子，於是這就能被偵測得到。事實上，就連今天都有游泳池般大小的龐大感測器（裡面裝了龐大數量的含氙與氬流質）投入運作，說不定有一天就能捕獲由光微子碰撞事件所激發的火

光。目前約有二十個研究團體積極投入搜尋暗物質，多半是在地表下方礦坑深處，遠離宇宙射線交互作用的干擾。所以可以合理認為，暗物質的碰撞或許能由我們的儀器捕獲。一旦暗物質碰撞被檢測出來，物理學家也就能研究暗物質粒子的特性，然後拿它們來與光微子預測特性相互比對。倘若弦論的預測和暗物質實驗結果相符，這就得走過漫長路途來說服物理學家，這是一條正確的道路。

　　另一個可能性是，光微子有可能由我們所討論的下世代粒子加速器來生成。

凌駕大型強子對撞機

　　日本正考慮籌資挹注國際線型對撞機（International Linear Collider），這台機器能沿著一道直管射出一束電子，直到撞上一束反電子。倘若獲得批准，那項設備就能在十二年內建造完成。像這樣的對撞機的優點在於，它使用的是電子而非質子。由於質子是由膠子把三種夸克束縛在一起而成，質子間對撞結果會非常混亂，會如雪崩般生成大批無關緊要的粒子。相較而言，電子就是種單一基本粒子，因此與反電子的對撞會遠遠更為簡潔，而且所需能量也遠遠更少。

這樣一來，只需區區兩千五百億電子伏特，應該就足夠產生出希格斯玻色子。

中國也表示有興趣建造環形電子正電子對撞機（Circular Electron Positron Collider）。工作會在二〇二二年左右啟動，大約在二〇三〇年或許也就能完成，耗資五十億到六十億美元。它將能達到兩千四百億電子伏特，環圈距離為一百公里。

歐洲核子研究組織（CERN）的物理學家可不想被比了下去，目前他們正在規劃大型強子對撞機的後繼機種，稱為未來環形對撞機（Future Circular Collider, FCC）。最終它就會達到驚人的百兆電子伏特等級。它的環圈尺寸也約為一百公里。

目前仍不肯定這些加速器會不會建造完成，不過這確實意味著，凌駕大型強子對撞機的下一代加速器，確實有希望找到暗物質。若是我們找到了暗物質的粒子，接著就可以拿它們來和弦論的預測對照比較。

弦論的另一項預測或許能由這類加速器來驗證，那就是迷你黑洞的出現。由於弦論是種萬有理論，除了次原子粒子之外，它還包含了重力，於是物理學家料想，在加速器裡面應該能夠找到纖小的黑洞。（這些迷你黑洞和星體黑洞並不

一樣，它們不會帶來危害，因為它們只帶了纖小次原子粒子的能量，並不具有垂死恆星的能量。事實上，地球不斷遭受威力遠更為強大的宇宙射線的轟擊，也沒有帶來任何有害的作用，而那樣的能量等級，遠超過加速器所能生成的一切產物。）

大爆炸就是原子擊碎機

還有，我們也有希望動用宇宙中的最大型原子擊破機，即大爆炸本身。大爆炸產生的輻射有可能為我們提供線索，讓我們見識到暗物質和暗能量。首先，大爆炸的迴響，或者餘暉，很容易偵測得到。我們的人造衛星向來都能夠以極高精確度來偵測這種輻射。

從這種微波背景輻射的照片看來，它的平滑程度高得出奇，只在表面浮現微小的漣漪。接著這種漣漪便代表存在於大爆炸發生瞬間的量子漲落，在那時候起伏還十分微弱，隨後才跟著爆炸放大。

不過有一點仍然存有爭議，那就是在背景輻射當中，似乎仍然存有我們無法解釋的不規則現象或者汙斑。有些人推測，這些奇怪的汙斑是與其他宇宙碰撞留下的殘跡。明確

來講，宇宙微波背景冷斑點（cosmic microwave background cold spot）是出現在原本均勻的背景輻射當中的反常冷斑點，有些物理學家便曾推敲，這說不定是產生自時間的起點，當我們的宇宙和某個平行宇宙形成某種牽連或相互碰撞時所留下的殘跡。倘若這些奇怪的斑紋便代表我們的宇宙與平行宇宙的交互作用，那麼在懷疑論者心目中，多重宇宙論或許就會變得更為可信了。

目前已經有一些研究計畫打算把探測器送上太空，期盼能使用空基型重力波探測器，來完善所有這些計算。

雷射干涉太空天線

早在一九一六年，愛因斯坦就曾表明重力能以波的型式來傳播。就像投石入池可以見到它激起一環環同心圓依次向外擴散，愛因斯坦預測，重力鼓脹能以光速傳播。不幸的是，這些現象太微弱了，他不認為我們能很快就找到它們。

他是對的。直到二〇一六年，從他最初的預測之後過了一百年，我們才觀測到重力波。約十億年前，太空中有兩顆黑洞互撞，發出的信號由龐大的探測器截收。這些探測器分別座落在美國路易斯安那州和華盛頓州，各自占用了好幾平

方英哩的土地。它們排成很大的 L 形，並發出雷射束分別沿著 L 的兩段底邊射出。當兩股雷射束在中央會合，就會產生出一種對振動有非常靈敏感應的干擾模式，於是它們就能探測到這種碰撞。

三位物理學家完成開創性研究，獲頒二〇一七年諾貝爾獎，他們是萊納‧魏斯（Rainer Weiss）、基普‧索恩（Kip S. Thorne）和巴里‧巴利許（Barry C. Barish）。

為追求更高靈敏度，有些計畫打算把重力波探測器送上外太空。有種計畫稱為雷射干涉太空天線（Laser Interferometer Space Antenna, LISA），或許能夠測得大爆炸本身發生片刻所發出的振動。有個雷射干涉太空天線版本含括三顆太空衛星，能藉由雷射束網絡彼此相連，形成的三角形，每邊邊長約達百萬英里。當大爆炸發出的重力波觸及探測器，就會導致雷射束稍微抖動，接著這就能以靈敏的儀器來予測量。

最終目標是要記錄下大爆炸的衝擊波，然後倒轉播放錄影帶，取得對大爆炸之前的輻射的最佳猜測。接著就可以拿這些前大爆炸波動，來與好幾種弦論版本所提預測進行對照比較。這樣一來，我們或許就能求得大爆炸前多重宇宙的相關數值資料。

使用比雷射干涉太空天線還更先進的裝置，我們或許就能攝得宇宙的嬰兒期照片，甚至還能找到把我們這處嬰宇宙和親代宇宙連接起來的臍帶的相關證據。

檢定平方反比定律

對弦論經常提出的另一種反對意見是，它假定我們實際上是住在十個維度或十一個維度當中，然而就此卻沒有實驗證據。

然而就這方面，或許實際上是可以使用現成的儀器來進行測試。如果我們的宇宙是三維度的，那麼重力就會隨著相隔距離的平方來遞減。正是這項著名的牛頓定律引領我們的太空探測器航行太空數百萬英哩，達到令人屏息的準確程度，所以想要的話，我們完全可以發射太空探測器來穿過土星環。然而牛頓著名的平方反比定律，只曾在天文單位接受過測試，很少在實驗室中進行檢定。倘若重力強度在短小距離並不服從平方反比定律，這就會成為存有較高維度的跡象。舉例來說，倘若宇宙有四個空間維度，那麼重力就應該隨著相隔距離的立方來遞減。（若宇宙具有 N 個空間維度，那麼重力就應該隨著相隔距離的 $(N\text{-}1)$ 次方來遞減。）

然而兩物體之間的重力強度很少在實驗室中進行測量。這類實驗很難做，因為實驗室中的重力相當微弱，不過最早一批測量已經在美國科羅拉多州完成，結果是否定的，也就是說，牛頓的平方反比定律依然成立。（不過這只表示在科羅拉多州並沒有額外維度。）

地景問題

　　對一位理論學家來說，所有這些批評都很討厭，卻不會致命。真正會給理論學家帶來問題的是，那種模型似乎預測了多重宇宙，裡面有許多平行宇宙，而且那其中有許多都比好萊塢劇作家的想像還更為瘋狂。弦論有為數無窮的解，每種解都描述一種舉止表現中規中矩的有限重力理論，而且那和我們的宇宙一點都不相像。在許多這樣的平行宇宙當中，質子並不安定，因此它會變成浩瀚的電子和微中子雲霧。在這些宇宙當中，我們所知的複雜物質（原子和分子）不可能存在，它們只包含氣體和次原子粒子。（或許有些人會論稱，這些另類宇宙只是數學上的可能性，並不是真實的。不過問題在於，這項理論欠缺預測能力，因為它沒辦法告訴你，這些另類宇宙當中的哪一處是真實的。）

這其實也並不是弦論特有的問題。舉例來說，牛頓方程式或馬克士威方程式有多少種不同解？為數無窮，實際就取決於你在研究什麼。若是你從電燈泡或雷射入手來解馬克士威方程式，你就會為這兩種裝置各求得一種獨特的解。所以馬克士威的或者牛頓的理論也具有為數無窮的解，實際就取決於初始條件，也就是你起初的狀態。

　　不論是哪種萬有理論，都可能存有這種問題。看初始狀況而定，任何萬有理論都可以有為數無窮的解。不過你該怎樣決定整個宇宙的初始狀況？這就表示你必須輸入大爆炸的條件，而且是手動從外界輸入。

　　就許多物理學家來講，這似乎是在作弊。理想而言，你希望理論本身就能告訴你，當初催生出大爆炸的條件狀況。你希望理論能告訴你一切事項，包括原始大爆炸的溫度、密度和組成。萬有理論本身就應該能以某種方式包含它自己的初始條件。

　　換句話說，你希望對宇宙的開端能有個獨一無二的預測。所以弦論的富足到了難堪的程度。它能不能預測我們的宇宙？能。這是種會引發轟動的主張，物理學家追求了將近一個世紀的目標。不過它能不能單單預測一個宇宙？大概不能，這就稱為地景問題。

就這項問題有好幾種可能的解決方法，然而沒有一種廣受採信。第一種是人擇原理（anthropic principle），它表示，我們的宇宙很特別，因為首先這裡有我們這種有意識的生命投入討論這道問題。換句話說，宇宙或許有無窮多處，然而我們的宇宙卻具備了有可能醞釀出智慧生命的條件。大爆炸的初始條件在時間的開端就固定下來了，於是今天才可能存有智慧生命。其他宇宙裡面或許並沒有具有意識的生命。

我清楚地記得，我小學二年級時第一次正式接觸這項概念的情景。我記得老師說，上帝實在很愛地球，於是祂把地球擺在距離太陽「恰到好處」的位置。不會太接近，否則海洋就會沸騰；不會太遠離，否則海洋就會凍結。就算只是個孩子，我對這項論述也大感震驚，因為它是使用純邏輯來判定宇宙的本質。然而，時至今日，人造衛星已經發現了四千顆環繞其他恆星的行星。可悲的是，其中多數都太接近，或者太遠離它們的恆星，導致它們無法支持生命。所以我們有兩種方法可以用來分析我的二年級老師的論點。或許終究是有個慈愛的上帝，也或者有好幾千顆太接近或者太遠離的死寂行星，而我們則是住在恰好能維繫智慧生命的行星上，也因此我們才能就這道問題進行爭辯。相同道理，我們說不定

是並存在一處充滿死寂宇宙的汪洋當中，而且我們的宇宙之所以很特別，只因為我們在這裡討論這道問題。

人擇原理實際上容許我們解釋一種很奇特的，有關於我們的宇宙的實驗性事實：那項事實就是，自然基本常數似乎經過微調來讓生命得以存續。物理學家弗里曼‧戴森（Freeman Dyson）便曾寫道，宇宙彷彿知道我們就要來臨。比方說，倘若核力再稍弱一些，太陽就永遠不會點燃，於是太陽系就會變得黑暗。倘若強核力再稍強些許，那麼太陽早在幾十億年前就已燒盡。因此核力是調校得恰到好處。

相同道理，倘若重力再稍微弱了些許，或許大爆炸就會落得大凍結下場，以一個死寂、寒冷的膨脹宇宙告終。倘若重力再稍強一些，或許我們最後就會落得大崩墜下場，而所有生命也都已經遭火焚死滅。不過由於我們的重力恰好容許恆星和行星形成並存續夠長時間，於是生命也才得以泉湧而出。

我們可以羅列出好幾起這種讓生命得以出現的偶發事件，而且每次我們都位於恰到好處的合宜地帶。所以宇宙是一場豪賭，而我們是贏家。不過根據多重宇宙論，這表示我們是與浩瀚數量的死寂宇宙並存。

所以或許人擇原理能瀏覽地景從數百萬宇宙當中挑揀出

我們的宇宙，因為我們這處宇宙擁有具有意識的生命。

我自己的弦論觀點

我自從一九六八年起就開始研究弦論，所以我有自己的明確觀點。不論你怎麼看待它，弦論的最終型式都尚未揭曉，所以現在就要拿弦論來和當前宇宙對照比較還為時太早。

弦論的一項特徵是，它是逆向發展，沿途披露新數學和新概念。每隔十年左右，弦論都會出現新的重大發現，改變了我們就弦論本質方面的觀點。我親眼見識了三次這種驚人的革命，然而我們還沒有完備地傳達出弦論的整體相貌。我們還不知道它的最終基本原理。唯有獲知那項原理時，我們才能拿它來與實驗進行比較。

發掘金字塔之祕

我喜歡拿它來和在埃及沙漠尋寶相提並論。有一天你在沙漠中偶然發現了一塊露出地表的細小岩石。刷掉沙子之後，你開始意識到，這塊卵石實際上是一座龐大金字塔的頂

部。經過多年挖掘，你找到了各式各樣的奇怪房間和藝術品，你在每個樓層都有新的驚奇發現。終於在挖掘了許多樓層之後，你來到最後一扇門，接著就要開門來找出是誰蓋了那座金字塔。

我個人認為，我們還沒有來到最底下那個樓層，因為每次分析那項理論，我們都依然不斷發現一層層新數學。在我們發現弦論的最終型式之前，還有更多層次尚待發現。換句話說，那項理論比我們還更聰明。

若是採用弦場理論的型式，整個弦論有可能以一英吋長的方程式來表述。不過以十個維度而言，我們就需要五則這種方程式。

儘管我們能夠以場論型式來表述弦論，不過對於 M 理論而言，這仍然是不可能的。期望有一天，物理學家就能找到能總結整個 M 理論的單一方程式。不幸的是，要想以場論型式來表述膜（它有許許多多的振動方式），眾所周知是十分困難的。於是，M 理論便包含了五花八門的零碎方程式，卻奇蹟般地都描述同一理論。若是我們能以場論型式來寫出 M 理論，那麼整個理論就應該能以單一方程式表述出來。

沒有人能預測，這在何時能夠成真。不過在見識了弦論

的相關炒作之後，民眾已經愈來愈不耐煩了。

不過就連弦論學家本身，對這項理論的未來前景，也有某種程度的悲觀態度。誠如諾貝爾獎得主格羅斯所提看法，弦論就像一處山巔，登山客向上攀爬時，山巔清楚可見，然而當你愈靠近時，它似乎也就愈向後退。目標就近在眼前，卻似乎永遠遙不可及。

就我個人所見，我認為這是可以理解的，因為沒有人知道，等到什麼時候，或者是否真有那麼一天，我們才會在實驗室中發現超對稱。不過首先必須養成正確的觀念，一個理論的正確性或不正確性，應該取決於確鑿的結果，而不是物理學家的主觀渴求。我們全都希望，我們的寵物理論在我們有生之年驗證確認，那是人類的深切渴望，不過有時候大自然也有它自己的行程表。

舉例來說，原子論花了兩千年，最終才證明成立，而且直到晚近，科學家才有辦法攝得個別原子的鮮明影像。就連牛頓和愛因斯坦的偉大理論提出的許多預測，也都花了幾十年光陰，才完全通過測試並驗證確認。黑洞最早是在一七八三年由米歇爾提出，然而卻是直到二〇一九年，天文學家才首次拍下黑洞事件視界確認無誤的照片。

就我個人所見，我想許多科學家的悲觀念頭或許是受了

誤導，因為理論的證據，有可能不會在某種龐大的粒子加速器中找到，而是當某人研擬出理論的最終數學公式之時，才會被人發現。

這裡的重點在於，或許**我們根本不需要弦論的實驗證明**。萬有理論也是普通事物的理論。若是我們能夠依循第一原理求出夸克以及其他已知次原子粒子的質量，這就有可能構成令人信服的證據，確認這就是最終理論。

問題完全不是實驗性的。標準模型有二十種左右的參數，都是手動代入的（好比夸克的質量和它們的交互作用強度）。就次原子歷史的質量和耦合方面，我們已經有很豐富的實驗資料。倘若弦論能夠依循第一原理並不靠任何假設，精確計算出這些基本常數，那麼依我所見，這就能證明它的正確性。倘若宇宙的已知參數能夠從單一方程式浮現，那麼這就會成為一項真正的劃時代事件。

不過一旦我們有了這樣一則一英吋長的方程式，到時我們要拿它做什麼用呢？我們該怎樣躲開地景問題呢？

一種可能性是，這些宇宙當中有許多都是不安定的，會衰變成為我們所熟悉的宇宙。我們記得，真空並不是沒有特色的無聊事物，真空其實就像泡泡澡缸，裡面充斥了生滅不息的泡泡宇宙，霍金稱之為時空泡沫（space-time foam）。

這些細小的泡泡宇宙大半都很不安定，霎時從真空冒出來，接著又倏忽回歸真空。

相同道理，一旦理論的最終公式為人發現，我們或許就能夠證明，這些另類宇宙大多數都很不安定，而且會一路衰變，化為我們的宇宙。舉例來說，這些泡泡宇宙的自然時間尺度是普朗克時間，也就是 10^{-43} 秒，短暫得令人不敢置信的時段。多數宇宙都只存續這般短暫瞬間。然而相較而言，我們的宇宙已經有一百三十八億歲了，這已經比這項構想中的多數宇宙的壽命都遠遠更為綿長得多。換句話說，或許在這幅地景的無限多宇宙當中，我們的宇宙是很特別的。我們這處宇宙比其他所有宇宙都存續得更久，而這也就是為什麼，我們今天才能夠在這裡討論這道問題。

不過倘若到頭來最終方程式十分複雜，沒辦法以手動來求解，到時又該如何是好？那麼看來到時候就不可能證明，我們的宇宙在地景裡面的種種宇宙當中獨樹一幟。那麼我想我們應該把它擺進電腦，這就是夸克理論採行的路徑。我們回顧，楊－米爾斯粒子的作用就像膠水，能把夸克結合成質子。不過在五十年過後，始終沒有人有辦法嚴格地證明這一點。事實上，許多物理學家都放棄希望，不再指望能實現這點。不過到了最後，楊－米爾斯方程式是以電腦來求得解

答。

　這是藉由把時空當成系列晶格點，求其近似值而成。通常我們都把時空想成平滑的表面，上面有為數無窮的點。當物件移動時，它們就會通過這種無限序列。不過我們能以類似網格的柵極或晶格來勾勒出這種平滑表面的近似相貌，它會變成普通的時空，而最終理論也會開始浮現。同樣地，當我們得出了 M 理論的最終方程式，我們就能把它擺上晶格並在電腦上執行計算。

　依循這種情節，我們的宇宙是出自一台超級電腦的輸出。

　（不過，我想起了《銀河便車指南》〔*The Hitchhiker's Guide to the Galaxy*〕，書中描述為了探尋生命的意義而建造了一台龐大的超級電腦。執行運算萬古歲月之後，電腦終於歸結認定，宇宙的意義是「四十二」。）

　所以可以想像得到，下個世代的粒子加速器，或者架設在礦坑深處的粒子偵測器，或者位於深空的重力波探測器，將會找到弦論的實驗證明。不過倘若找不到，那麼或許某些積極進取的物理學家，就會有精力和遠見，來尋覓萬有理論的最終數學公式表述。也只有到那時候，我們才能拿它來和實驗做比較。

在旅途結束之前，物理學家或許還會面對更多轉折。不過我很肯定，到最後我們終究會找到萬有理論。

不過接下來還有個問題：弦論是從哪裡來的？倘若萬有理論有個宏偉設計，那麼它是否有個設計師？果真如此，那麼宇宙是否具有目的和意義？

第七章

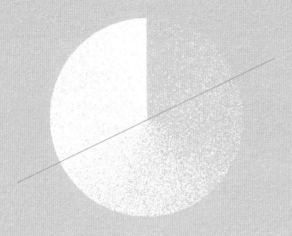

尋找宇宙的意義

我們已經看到，掌握四種基本力不只披露了自然界的許多祕密，還掀起了一次次的偉大科學革命，從而改變了文明本身的命運。當牛頓寫下了運動和重力定律，他也為工業革命奠定了基礎。當法拉第和馬克士威披露了電力和磁力的統一性，同時他們也推動了電氣革命。當愛因斯坦和量子物理學家披露了現實的機率和相對本質，同時他們也啟動了當今的高科技革命。

　　不過現在我們或許正逐漸趨近於一項萬有理論，寄望能夠藉此來統一所有四種基本力。所以眼前就先假定，我們終於成功擬出了這項理論。假定這已經通過了嚴苛的考驗，也獲得了舉世科學界的普遍採信。那麼，這對於我們的生活、我們的思想，還有我們對宇宙的理念構想，會帶來什麼樣的衝擊？

　　談到對於我們當下生活的直接衝擊，或許程度微乎其微。萬有理論的每種解法，都分別是個完整的宇宙。所以，和理論連帶有關的能量是普朗克能量，等級千兆倍於大型強子對撞機所發出的能量。萬有理論的能量尺度牽涉到宇宙創世，還有黑洞之神祕事項，無關乎你和我的日常事務。

　　理論對於我們生活的真正衝擊，大概是在哲學方面，因為那種理論有可能終於能夠解答折騰世世代代偉大思想家的

深奧哲學問題，好比時光旅行可不可行、創世之前發生了什麼事情，還有宇宙是從哪裡來的。

誠如偉大生物學家托馬斯·赫胥黎（Thomas H. Huxley）在一八六三年所述，「對人類來說，所有問題中的問題，那些位於其他所有問題的背後，而且遠比當中任何一項都更有趣的問題，就是要判定人類在大自然中占了什麼樣的地位，還有他和宇宙存有什麼樣的關係。」

不過底下這個問題依然懸而未決：「關於宇宙具有什麼意義，萬有理論有什麼說法？」

愛因斯坦的祕書，海倫·杜卡斯（Helen Dukas）曾經提到愛因斯坦如何收到敦請他解釋生命意義，問他信不信上帝的郵件，還有他如何被這樣的信函弄得不知所措。他說他無力回答這種種與宇宙目的相關的問題。

時至今日，有關宇宙有何意義以及是否存有創世者的問題依然令廣大民眾深自沉迷。二〇一八年，一封愛因斯坦辭世前寫的私人信函上市拍賣。令人吃驚的是，這封上帝信函的拍定價格高達兩千九百萬美元，金額甚至還超過拍賣行的預期。

在這封信以及其他書信當中，愛因斯坦抱持極度悲觀的態度來回答生命意義的相關問題，然而就上帝相關事項，他

很清楚地表達了自己的想法。他寫道，一個問題是上帝實際上有兩種，我們一般都把兩種混為一談。首先，我們有人的個人之神（personal God），也就是你祈禱求助的上帝，《聖經》裡面毀滅非利士人，獎賞信仰者的上帝。他不信那種上帝。他不相信創造宇宙的上帝會介入區區凡人的事務。

不過他相信史賓諾沙（Spinoza）的上帝，也就是在美麗、單純又優雅的宇宙間主司秩序的上帝。宇宙也可能是醜陋的、隨機的又混亂的，然而宇宙卻有種隱藏的秩序，而且那是很神祕又很深邃的秩序。

打個比方，愛因斯坦曾經說過，他覺得自己就像個孩子，舉步進入一間浩瀚的圖書館。身邊周圍是一疊疊書籍，裡面包含了解開宇宙謎團的答案。事實上，他的生命目標就是希望能翻閱這些書籍，涉獵其中一些篇章。

然而，他並沒有解答這道問題：倘若宇宙就像一所浩瀚的圖書館，那裡有圖書館員嗎？或者有某個人撰寫了這些書嗎？換句話說，倘若所有的物理定律都能以萬有理論來解釋，那麼那則方程式是從哪裡來的？

愛因斯坦還受到這個問題的驅使：當上帝著手創造宇宙，那時祂有沒有選擇餘地？

證明上帝的存在

不過當你嘗試使用邏輯來證明或反駁上帝的存在時，這些問題就不是那麼清楚了。舉例來說，霍金並不信仰上帝。他寫道，大爆炸發生在短暫瞬間，所以完全沒有足夠的時間可供上帝來創造我們所見的宇宙。

依循愛因斯坦的原始理論，宇宙幾乎是即刻就開始膨脹。然而根據多重宇宙論，我們的宇宙不過就是個與其他泡泡宇宙並存的泡泡，而且這些宇宙隨時都不斷創造生成。

果真如此的話，或許時間並不是隨著大爆炸憑空冒出來，說不定在我們的宇宙開始之前，就有一段時間。每處宇宙都是在短暫瞬間誕生，然而多重宇宙的整體宇宙組合，便可以是永恆的。所以萬有理論並沒有解答上帝是否存在的問題。

然而，幾個世紀以來，神學家嘗試了對立的觀點，使用邏輯來證明上帝的存在。天主教偉大神學家，十三世紀的聖湯瑪斯·阿奎那（Saint Thomas Aquinas）提出了證明天主存在的五項著名的證據。這些論證十分有趣，因為就連到了今天，它們依然對萬有理論提出了深刻的問題。

其中兩項實際上是多餘的，所以你可以把它們濃縮成三

項證明：

1. 宇宙論證明。事物被推動才運動，也就是說，有某種事物讓它們開始運動。不過讓宇宙開始運動的第一推動者或第一自存因是什麼？這必定就是上帝。

2. 目的論證明。我們看四面八方都見到十分複雜、精妙的事物。不過每種設計最後都必得有個設計師。第一設計師就是上帝。

3. 本體論證明。上帝，按照定義就是可想像的最完美生靈。不過我們可以想像出並不存在的上帝。然而倘若上帝並不存在，那麼祂就不完美了。因此祂必定存在。

有關上帝存在的這些證明，存續了許多個世紀。直到十九世紀，伊曼努爾・康德（Immanuel Kant）才在本體論證明裡面發現了一個缺陷，因為完美和存在是兩類不同的事情。達到完美不見得就意味著某件事物必定存在。

然而，另外兩則證明，也必須在現代科學和萬有理論的審視之下，重新予以檢定。目的論證明的分析很直截了當。

環顧身邊四周，我們都能見到非常複雜的事物。然而我們周遭生命型式的複雜細密程度，卻能以演化來解釋。只要有充分的時間，純粹機率就能藉由適者生存來驅動演化，於是複雜細密度更高的設計，也就能從程度較低的設計隨機出現。生命的第一設計師是不必要的。

不過宇宙論證明的分析就不是那麼明朗了。今天物理學家能逆向播放錄影帶，證明宇宙是從一次大爆炸開始，並由此來啟動宇宙。不過要想回顧到大爆炸之前，我們就必須動用多重宇宙論。然而，假定多重宇宙論能解釋大爆炸是從哪裡來的，接著我們就得問，多重宇宙是從哪裡來的？最後，倘若我們說明，多重宇宙是萬有理論的合理必然結果，那麼我們就得問，萬有理論是從哪裡來的？

物理學來到這裡就終止了，同時形而上學也開始了。關於物理定律本身從何而來，物理學什麼都沒有說。所以即便到了今天，聖湯瑪斯·阿奎那涉及第一推動者或者第一自存因的宇宙論證明依然恰當合宜。

任何萬有理論的關鍵特徵很可能都在於它的對稱性。然而這種對稱性是從哪裡來的？這種對稱性應該是深奧數學真理的副產品。不過數學是從哪裡來的？就這道問題，萬有理論又一次沉默不語。

一位天主教神學家在八百年前提出的問題，到如今依然切題合宜，即便我們對生命的根源和宇宙的認識都取得了巨大的進步。

我自己的觀點

宇宙是一處非常美麗、有序又很單純的地方。有種現象讓我大受震撼，那就是物理宇宙的所有已知定律，可以完整地概括寫在一張紙上。那張紙上會包含愛因斯坦的相對論。標準模型就比較複雜，占用了那張紙的大半篇幅，羅列出五花八門的次原子粒子。那批粒子能描述出已知宇宙的一切事物，從質子內部深處到可見宇宙的最外緣邊界。

考慮到那張紙是這麼簡短，我們很難避開一個結論，那就是這完全就是事先規劃的，它的優雅設計證明了，有位宇宙設計師出手介入。在我看來，這是上帝存在的最確鑿論據。

不過我們對於世界的認識，根本礎石就在於科學，而科學追根究柢都必須是可以測試的、可以複製的，而且是可以推翻的。這就是根本底線。就文學批評一類學科而言，隨著時間流逝，情況也就變得更為複雜。分析師始終都想知道，

詹姆斯・喬伊斯（James Joyce）的詩詞述句的真正意涵為何。然而物理學卻是反其道而行，隨著時間流逝，變得愈來愈單純，威力也愈來愈強大，直到一切都是少數幾則方程式的必然結果。我覺得這很了不起。然而，科學家通常都很不願意承認，科學領域之外還存有若干事物。

好比說，要否定一個否定論述是不可能的。

假設我們希望證明獨角獸之存在為偽。儘管我們尋覓踏遍地表大半從未見過獨角獸，仍始終可能有獨角獸存在於某處尚未被人發現的島嶼上或洞穴中。所以我們不可能證明獨角獸之存在為偽。這就意味著，從現在起百年之後，人們依然會繼續爭辯上帝存在與否，還有宇宙的意義。理由就在於，這些概念是不可測試的，也因此是無法確認的。它們位於尋常科學的範疇之外。

相同道理，就算我們在外太空航行時從來不曾遇見上帝，上帝仍有機會存在於我們從未探索過的地帶。

因此我抱持的是不可知論的態度。我們才剛粗淺搔括宇宙的表皮，要想提出主張來議論整個宇宙的本質還嫌太早，因為那遠遠超出我們的儀器探測能力範圍之外。

不過我們依然得面對聖湯瑪斯・阿奎那的證明，檢視肯定有個第一推動者的說法。換句話說，萬物是從哪裡來的

呢？就算宇宙是依循萬有理論啟動的，那麼萬有理論是從哪裡來的呢？

我相信世上存有萬有理論，因為那是唯一在數學上一致相符的理論。其他所有理論先天上全都有瑕疵，而且前後並不一致。我相信倘若你從其他某項理論入手，到最後你就能證明 $2 + 2 = 5$，也就是說，這些替代理論都自相矛盾。

我們回顧一下，萬有理論有個古怪的障礙。當我們為理論增添個量子校正，結果就會發現，那項理論往往會炸裂，因為裡面出現無限發散，或就是原始對稱性被異常現象毀掉。我相信，要解決這類限制，大概就只有一種方法。這就讓理論固定下來並排除所有其他可能性。宇宙不可能存在於十五個維度，因為這種宇宙會遭受這類致命缺陷的危害。（就十個維度的弦論，當我們計算量子校正，它們往往包含 $(D - 10)$ 數項，其中 D 是時空維度數。顯然，若是我們設定 $D = 10$，則這些令人憂心的異常現象就會消失。不過倘若我們不設定 $D = 10$，則我們就會發現另一種充滿矛盾，違反數學邏輯的替代宇宙。同樣地，當你添入膜並以 M 理論來計算時，我們就會發現包含 $(D - 11)$ 因子的沒有必要的數項。因此在弦論理念只有一個自洽宇宙，其中 $2 + 2 = 4$，而且它存在於十個或十一個維度。）

接著這就有可能解答愛因斯坦在他尋覓萬有理論時所提出的那道問題；當上帝著手創造宇宙，那時祂有沒有選擇餘地？那處宇宙是獨一無二的呢，或者一個宇宙是不是有許多種可能的存在方式？

倘若我的想法是正確的，那麼就別無選擇。只有一種方程式才能描述宇宙，因為其他所有式子在數學上都並不一致。

所以宇宙的最終方程式是唯一的。這個主方程式可能有為數無窮的解，為我們帶來一幅解法的地景，不過方程式本身是獨一無二的。

這就為另一道問題帶來一些啟示：為什麼有東西，而不是什麼都沒有？

在量子理論中並沒有所謂的絕對的東西。我們已經見到，絕對的黑是不存在的，所以黑洞實際上是灰色的，而且必然要蒸發。相同道理，我們在解答量子理論時發現，最低能量並不是零。舉例來說，你不能達到絕對零度，因為原子處於最低量子能態之時，依然會持續振動。（同樣地，根據量子力學，你不能抵達量子力學上的零能，因為你依然有零點能量，也就是最低的量子振動。零振動狀態違反不確定性原理，因為零能是不確定性為零的狀態，而這是不允許

的。）

　　那麼，大爆炸是從哪裡來的？最可能的出處是，那是「什麼都沒有」裡面的量子漲落。就連什麼都沒有，或者純粹真空，也不斷冒出物質和反物質粒子泡沫，它們會持續從真空冒出來，接著又塌縮回歸真空。事物就是這樣從無中生有。

　　前面我們見到，霍金把這個稱為時空泡沫，也就是說，這種由微小泡泡宇宙所構成的泡沫，會持續不斷從真空冒出來並消失回歸真空。我們之所以從來沒有見過這種時空泡沫，是由於每顆泡泡都遠比任何原子還更小許多。然而偶爾會有一顆這種泡泡並不消失回歸真空，而是持續膨脹，直到最後擴大創造出一個完整的宇宙。那麼，為什麼有東西，而不是什麼都沒有？因為我們的宇宙原本就是產生自「什麼都沒有」裡面的量子漲落。我們的宇宙和數不盡的其他泡泡並不相同，它從時空泡沫冒出來之後，還不斷地膨脹。

宇宙有沒有個起點？

　　這種萬有理論能不能為我們帶來生命的意義？好幾年前，我看到一家冥想學會的一幅奇怪海報。在我看來，它忠

實地發表了超重力方程式的所有細節，完整彰顯出它們的數學光彩。不過就方程式的每個數項，都附了個箭頭，上面寫道「和平」、「寧靜」、「團結」和「愛」等等。

換句話說，生命的意義就埋置於萬有理論的方程式裡面。

就我個人來講，我想物理學的純數學方程式項，很不可能就等同於愛或快樂。

不過我相信，就宇宙的意義方面，萬有理論或許有其寓意。我小時候是在長老派教會環境下長大，不過我的雙親是佛教徒。這兩種偉大宗教對於造物主抱持截然不同的迥異觀點。就基督教會所見，在以往某個瞬間，上帝創造了世界。創建大爆炸理論的奠基人之一，天主教神學家暨物理學家喬治·勒梅特（Georges Lemaître）認為，愛因斯坦的理論可以和〈創世紀〉相提並論。

然而，佛教並不認為有上帝，宇宙沒有起點也沒有終點，只有不受時間約束的涅槃。

所以我們該如何調解這種兩極對立的迥異觀點？宇宙要嘛就是有個開始，否則就是沒有，沒有模糊空間。

不過實際上，多重宇宙論帶來了一種嶄新的視角，來看待這種矛盾。

或許我們的宇宙確實有個起點，就如同《聖經》所述。不過根據暴脹理論，或許大爆炸隨時不斷發生，產生出宇宙泡泡浴。或許這些宇宙是在遠更為宏大的場域，在一處超空間涅槃持續膨脹。所以我們的宇宙有個起點，而且是個三維度泡泡，漂在一處遠更宏大的十一維度涅槃空間，而且那裡還會有其他眾宇宙不斷浮現。

　　所以，多重宇宙理念允許我們把基督宗教創世神話和佛教涅槃結合在一起，產生出一個能與已知物理定律相容的單一理論。

有限宇宙的意義

　　到了最後，我相信我們就會創造出我們自己在宇宙中的意義。

　　若說會有哪位權威宗師從山巔帶著宇宙的意義下山蒞臨，那實在太過單純，也太輕易了。生命的意義是我們必須掙扎理解並領會覺知的事項。要別人帶來給我們，那就違背了意義的整個用意。倘若生命的意義可以免費獲得，那麼它也就失去了它的意義。一切有意義的事物，都是值得為它奮鬥的，是努力和犧牲所換來的成果。

不過，倘若宇宙本身終究要死，也就很難論稱宇宙具有什麼意義。就某層意義來講，物理學握有宇宙的死亡令狀。儘管人們就宇宙中的意義和目的進行了種種淵博討論，然而這一切或許都屬徒勞，因為宇宙註定要沉墜大凍結而死。根據熱力學第二定律，封閉式系統中的事物，最終全都要衰敗、鏽蝕或分崩離析。萬物的自然秩序是衰頹而且到最後就不再存續。當宇宙本身死亡，看來萬事萬物也全都免不了要死亡。所以不論我們賦予宇宙什麼樣的意義，當宇宙本身死亡的時候，終究也都要消滅淨盡。

　　不過再一次，或許量子理論與相對論的併合，提供了一個除外條款。我們說，熱力學第二定律最後就會讓封閉式系統裡面的宇宙註定消亡。關鍵字是「封閉式」。在開放式宇宙中，能量能從外界進入，也就有可能逆轉第二定律。

　　舉例來說，空調冷氣機似乎違背了第二定律，因為它吸入混亂的熱空氣，然後讓它降溫。不過冷氣機是從外界，從幫浦取得能量，也因此並不是種封閉式系統。相同道理，就算地球上的生命似乎違背了第二定律，因為它只花九個月就能把漢堡和薯條轉變為嬰兒，而這也真正是個奇蹟。

　　那麼，為什麼生命得以在地球上出現？因為我們有一種外來的能源 —— 太陽。地球並不是個封閉式系統，所以陽光

允許我們從太陽擷取能量，來產生出哺育嬰兒所需的食物。所以熱力學第二定律有個排外條款，陽光讓生命得以演化出較高等的型式。

相同道理，我們也可能得以運用蟲洞來開啟通往另一處宇宙的通道。我們的宇宙顯然是封閉式的。然而有一天，說不定就在面臨宇宙死亡之時，我們的後裔或許就能夠運用他們強大的科學知識，導入充裕的正能量，開啟一道穿越時空的通道，接著再運用（來自量子卡西米爾效應的）反能量，來安定通道。有一天，我們的後裔就能掌握普朗克能量，也就是讓空間和時間變得不安定的能量等級，並使用他們的強大技術，來逃離我們這處垂死的宇宙。

就這樣，量子重力不再是種十一個維度時空的數學演練，而是成為了一種宇宙跨維度救生艇，讓智慧生命得以躲避熱力學第二定律，逃往遠更為溫暖的宇宙。

所以萬有理論不單只是種漂亮的數學理論。到最後，它有可能是我們的救贖。

結論

　　對萬有理論的探求，引領我們進入了對宇宙最終統一對稱性的追尋。從暑夏微風的溫暖到燦爛落日的光輝，我們在身邊各處所見對稱性，是見於時間起點的原始對稱性的一個殘段。那種超力的原始對稱性，在大爆炸那瞬間便已經破缺，不論我們欣賞任何地方的自然美景，我們眼中所見都是那種原始對稱性的殘餘。

　　我常想，或許我們就像住在某種神祕平坦平面上的二維度平面國居民，他們看不見第三維度，並認為那不過就是種迷信。在平面國度的時間開端，曾有個美麗的三維度晶體，不過它很不安定，並粉碎化為百萬片段，灑落平面國度。幾個世紀以來，平面國的居民不斷嘗試重組這些碎片，就像拼湊拼圖。過了一段時間，他們終究能把碎片組裝成兩塊巨大的段落；一塊稱為重力，另一塊稱為量子理論。然而不論他們如何嘗試，平面國的居民始終沒有辦法把這兩大段落拼湊在一起。接著有一天，一位進取的平面國國民提出了一則

引人憎惡惹人訕笑的猜想。他說，為什麼不使用數學來把一塊段落抬高到虛構的第三維度，這樣它們不就能夠一個疊在另一個上頭，逗攏在一起了？當猜想落實，平面國居民驚愕詫異地發現，令人目眩的耀眼珠寶乍然閃現眼前，展現出完美、燦爛的對稱性。

或者，就如霍金所寫，

若是我們真發現了個完整的理論，[1] 那麼隨著時光流逝，它也就不再只有少數科學家能理解，而是所有人都能從廣義上來認識它。那麼我們所有哲學家、科學家和尋常老百姓，也就應該都能參與這道問題的討論，找出為什麼我們和宇宙都存在。果真我們找到了這道問題的答案，那就會成為人類理性的最大勝利 —— 因為到時我們就能明白上帝的心意。

致謝

這本書能夠撰寫問世，得大大歸功於我的經紀人斯圖爾特‧克里切夫斯基（Stuart Krichevsky），這幾十年來，他始終忠實地伴隨我，提供我合理明智的建言。我向來信任他的判斷和他對於文學與科學素材的熟稔認識。

我還要感謝我的編輯，愛德華‧卡斯滕邁爾（Edward Kastenmeier），謝謝他以堅定的手法和敏銳的眼光，引導我完成我的好幾本書。這本書就是應他所提建議才撰寫的，而且在各不同執行階段，他也持續守護指導本書進行。若是沒有他周密的思緒和坦承的建言，本書是不可能完成的。

我也要感謝我在相關科學領域的同仁、協同合作人和朋友們。特別是，我要感謝以下諾貝爾獎得主，謝謝他們大方撥出時間，並就物理學和科學方面提出深刻洞見，包括：蓋爾曼、格羅斯、弗朗克‧韋爾切克（Frank Wilczek）、南部陽一郎、利昂‧萊德曼（Leon Lederman）、華特‧吉爾伯特（Walter Gilbert）、亨利‧肯德爾（Henry Kendall）、

李政道、傑拉爾德‧埃德爾曼（Gerald Edelman）、約瑟夫‧羅特布拉特（Joseph Rotblat）、亨利‧波拉克（Henry Pollack）、彼得‧多赫蒂（Peter Doherty）以及埃里克‧奇維安（Eric Chivian）。最後，我還要感謝我有幸與之互動往來的超過四百位物理學家和科學家，他們有些是弦論合作夥伴，還有些則是透過每週廣播節目，還有我為 BBC-TV 和探索頻道與科學頻道主持的多項電視節目，加上我為 CBS-TV 擔任科學特派員時接觸的人士。

最後，我還有幸訪問了許多科學家，這方面的比較完整名單，可參見我的書，《2100 科技大未來》（*The Physics of the Future*）。若想更完整得知，在本書中提到的弦論研究作者當中，有哪些弦論學家有指望成就大業，請參見我的博士等級教科書，《弦論和 M 理論導論》（*Introduction to String Theory and M-theory*）。

註釋

前言：簡介最終理論

1.　然而還有其他許多人也都試過了：以往有許多物理學界
　　泰斗都曾經嘗試研擬出他們自己的統一場論，結果全都
　　失敗了。事後回想，我們知道，統一場論必須滿足三個
　　條件：

　　(1) 它必須完整納入愛因斯坦的廣義相對論。

　　(2) 它必須納入次原子粒子的標準模型。

　　(3) 它必須能產生出有限的結果。

　　量子理論奠基人之一，薛丁格便曾提出一項統一場論研
　　擬方案，而且實際上在較早時期愛因斯坦也曾經投入研
　　究。結果方案功敗垂成，因為它並沒有正確地歸結出愛
　　因斯坦的理論，也沒辦法解釋馬克士威的方程式。而且
　　它也完全沒有針對電子或原子提出任何描述。

　　包立和海森堡也提出了一項含括費米子物質場的統一場
　　論方案，結果它沒有辦法重整化，也沒有把夸克模型含

括在內，這點在幾十年之後才能實現。

愛因斯坦本人探究了系列理論，最終也全都失敗了。基本上，他是著手嘗試類推重力的度量張量（metric tensor）和克氏符號（Christoffel symbol）來把反對稱張量（antisymmetric tensor）含括進來，目的是想把馬克士威的理論納入他自己的理論，結果終究是失敗了。僅只擴充愛因斯坦原始理論所含場的數量，還不足以解釋馬克士威的方程式。而且這個法門也沒有提到物質。

這些年下來，好幾項努力都試圖把物質場逕自增添到愛因斯坦的方程式，然而它們都經證明在單迴圈量子層級上會發散。事實上，電腦也曾被用來計算單迴圈量子層級之重力子散射作用，並得出了明確無誤的無限結果。到目前為止，要想在最低單迴圈層級消除這些無限項的唯一已知做法就是納入超對稱性。

另有一項比較基進的理念，早在一九一九年由西奧多・卡魯扎（Theodor Kaluza）提出，他以五個維度來呈現愛因斯坦的方程式。驚人的是，當我們把一個維度捲成一個細小圓圈，我們就會發現，其中一項結果是馬克士威場與愛因斯坦的重力場耦合。這個門路已經由愛因斯坦投入研究，然而由於當時沒有人知道如何讓維度塌

縮，於是最終他仍是放棄了。晚近以來，這個門路已經被併入弦論，理論讓十個維度塌縮化為四個維度，而且在此過程當中，還產生出了楊－米爾斯場。因此，在創制來研擬統一場論的眾多門路當中，唯一存留至今的途徑就是卡魯扎的較高維度途徑，不過也經過類推納入了超對稱性、超弦以及超膜。

最近出現了一種稱為迴圈量子重力（loop quantum gravity）的理論。它採行一種新的方法，來探究愛因斯坦的原始四維度理論。然而，那是種純重力的理論，並沒有任何電子或次原子粒子，也因此不夠格作為一種統一場論。它並沒有提到標準模型，這是因為它欠缺物質場。還有，我們並不清楚採這種樣式的多迴圈散射是否真的就是有限的。有人推測兩個迴圈互撞會產生出種種歧異結果。

第一章：一以貫之 —— 古老的夢想

1. Steven Weinberg, *Dreams of a Final Theory* (New York: Pantheon, 1992), 11.

2. 由於牛頓的《原理》是以純幾何型式寫成的，牛頓明顯知道對稱的力量。而且他顯然是直覺地運用了對稱的力

量，來計算行星的運動。然而，由於他並沒有使用演算的解析型式，該演算會涉及類似 X^2+Y^2 這樣的符號，所以他的手稿並沒有採解析型式並以 X 和 Y 座標來呈現對稱性。

3. Quotefancy.com, https://quotefancy.com/quote/1572216/ James-Clerk-Maxwell-We-can-scarcely-avoid-the-inference-that-light-consists-in-the-transverse-undelations-of-the-same-medium-which-is-the-cause-of-electric-and-magnetic-phenomena.

第二章：愛因斯坦對統一的探求

1. Abraham Pais, *Subtle is the Lord* (New York: Oxford University Press, 1982), 41.

2. Quotation.io, https://quotation.io/page/quote/storm-broke-loose-mind.

3. Albrecht Fölsing, *Albert Einstein*, trans. and abridged Ewald Osers (New York: Penguin Books, 1997), 152.

4. Wikiquotes.com, https://en.wikiquote.org/wiki/G._H._Hardy.

5. 要了解這點，且讓我們設 $Z = 0$。這樣一來，球體就

化為 X 和 Y 平面上的一個圓圈，而這就是先前的狀況。我們知道，當你環繞這個圓圈移動時，我們得到 $X^2 + Y^2 = R^2$。現在，讓我們逐漸增大 Z。當我們朝 Z 方向加大，圓圈也隨之變得愈小。（圓圈相當於一顆圓球的等高線。）R 保持相等，至於小圓的方程式就變成 $X^2 + Y^2 + Z^2 = R^2$，且 Z 值固定。現在，假使我們讓 Z 改變，我們就會看到球上的任意定點都有個由 X、Y 和 Z 給定的座標，因此，三維度的畢氏定理成立。總而言之，一球體上的各點全都能以三維度的畢氏定理來描述，並使 R 保持不變，但 X、Y 和 Z 則全都在你環繞該球體移動時跟著改變。愛因斯坦的偉大洞見是把這點類推到四個維度，其中第四個維度是時間。

6. 所以儘管狹義相對論具有四個維度的對稱性，我們從簡單的（以某特定單位來表示的）四維度畢氏定理 $X^2 + Y^2 + Z^2 - T^2$ 就可以看出，時間是帶著一個（比其他空間維度多出來的）負號納入公式。這就表示時間確實就是第個四維度，不過它是個很特別的類型。尤其是，這代表你沒辦法很輕易地在時間裡面往返移動（否則時光旅行就會顯得稀鬆平常）。我們可以輕鬆在空間來回移動，在時間裡面就沒那麼容易，這是由於時間帶著這

個額外的負號。（還有，請注意，我們設定光速等於
1，並以特定單位來表示，而這就明白表示，時間是以
第四維度納入了狹義相對論。）

7. Brandon R. Brown, "Max Planck: Einstein's Supportive Skeptic in 1915," *OUPblog,* Nov. 15, 2015, https://blog. oup.com/2015/11/einstein-planck-general-relativity.

8. Fölsing, *Albert Einstein,* 374.

9. Denis Brian, *Einstein* (New York: Wiley, 1996), 102.

10. Johann Ambrosius, Barth Verlag (Leipzig, 1948), p. 22 in Scientific Autobiography and other papers.

11. Jeremy Bernstein, "Secrets of the Old One—II," *New Yorker,* March 17, 1973, 60.

第三章：量子崛起

1. https://en.wikiquote.org/wiki/Talk:Richard_Feynman.

2. quoted in Albrecht Fölsing, *Albert Einstein,* trans. and abridged Ewald Osers (New York: Penguin Books, 1997), 516.

3. quoted in Denis Brian, *Einstein* (New York: Wiley, 1996), 306.

4. 就連今天，對於貓的問題也沒有普遍為人接受的解決方

案。多數物理學家就只是拿量子力學來當成一本食譜，而且它也始終能夠產生出合宜的答案，並忽略微妙、深邃的哲學意涵。多數有關於量子力學的研究所課程（包括我講授的那門）都只單純提到貓的問題，而沒有提出明確的解答。就這方面已經有好幾種解法被人提出，而且通常那都是兩種很流行的途徑的變異門路。一種是承認觀察者的意識必得為測量過程的一個環節。這個途徑還有好幾種變異門路，實際取決於你是如何定義「意識」。另一個途徑，如今在物理學界愈來愈受人歡迎，那就是多重宇宙論，這其中宇宙會一分為二，其中一個宇宙內含活貓，另一個內含一隻死貓。然而，由於這兩處宇宙已經彼此「去相干」（decohered），也就是它們不再同步振動，因此不再能彼此交流，所以要想在這兩者之間來回移動，也就幾乎是完全不可能的了。就如同兩座廣播電台無法彼此互動，我們也已經與其他所有平行宇宙去相干。所以，儘管說不定有怪誕的量子宇宙和我們的宇宙並存，然而要和它們交流是幾乎不可能的。我們或許得等待比宇宙壽限更長的時段，才可能穿越到這些平行宇宙。

第四章：幾近萬有理論

1. Denis Brian, *Einstein* (New York: Wiley, 1996), 359.

2. quoted in Walter Moore, *A Life of Erwin Schrödinger* (Cambridge: Cambridge University Press, 1994), 308.

3. Nigel Calder, *The Key to the Universe* (New York: Viking, 1977), 15.

4. quoted in William H. Cropper, *Great Physicists* (Oxford: Oxford University Press, 2001), 252.

5. Steven Weinberg, *Dreams of a Final Theory* (New York: Pantheon, 1992; New York: Vintage, 1994), 115.

6. John Gribbin, *In Search of Schrödinger's Cat* (New York: Bantam Books, 1984), 259.

7. quoted in Dan Hooper, *Dark Cosmos* (New York: HarperCollins, 2006), 59.

8. Frank Wilczek and Betsy Devine, *Longing for Harmonies* (New York: Norton, 1988), 64.

9. Robert P. Crease and Charles C. Mann, *The Second Creation* (New York: Macmillan, 1986), 326.

10. 把三種夸克混合在一起的數學對稱性稱為 SU(3)，第三階特殊么正李群。所以只要根據對稱性 SU(3) 來列置

三種夸克，最後得出的強核力方程式必然保持固定不變。把弱核力中的電子和微中子混合起來的對稱性稱為 SU(2)，第二階李群。（總體來講，倘若我們從 n 費米子入手，那麼要寫下具有 SU(n) 對稱性的理論就很直截了當了。）從馬克士威的理論產生出的對稱性稱為 U(1)。所以，只需要把這三種理論膠合在一起，我們就會發現，標準模型具有 SU(3) × SU(2) × U(1) 對稱性。儘管標準模型和次原子物理學的所有實驗數據全都一致相符，那項理論看起來卻就像是人為的，因為它的根本基礎就是把三種力以機械方式拼湊在一起。

11. 拿愛因斯坦方程式的單純性來和標準模型的複雜性相比，我們注意到，愛因斯坦的理論只須單一簡短方程式就能概括總結：

$$G_{\mu\nu} \equiv R_{\mu\nu} - \frac{1}{2}Rg_{\mu\nu} = \frac{8\pi G}{c^4}T_{\mu\nu}$$

至於標準模型的方程式（採高度縮略型式）就必須用掉大半頁面篇幅才編寫得出，並細述種種不同的夸克、電子、中微子、膠子、楊－米爾斯粒子和希格斯粒子。

$$\mathcal{L} = -\frac{1}{2}\mathrm{Tr}G_{\mu\nu}G^{\mu\nu} - \frac{1}{2}\mathrm{Tr}W_{\mu\nu}W^{\mu\nu} - \frac{1}{4}F_{\mu\nu}F^{\mu\nu}$$

$$+ (D_\mu\phi)^\dagger D^\mu\phi + \mu^2\phi^\dagger\phi - \frac{1}{2}\lambda\left(\phi^\dagger\phi\right)^2$$

$$+ \sum_{f=1}^{3}(\bar{\ell}_L^f i\slashed{D}\ell_L^f + \bar{\ell}_R^f i\slashed{D}\ell_R^f + \bar{q}_L^f i\slashed{D}q_L^f + \bar{d}_R^f i\slashed{D}d_R^f + \bar{u}_R^f i\slashed{D}u_R^f)$$

$$- \sum_{f=1}^{3} y_\ell^f (\bar{\ell}_L^f \phi \ell_R^f + \bar{\ell}_R^f \phi^\dagger \ell_L^f)$$

$$- \sum_{f,g=1}^{3}\left(y_d^{fg}\bar{q}_L^f\phi d_R^g + (y_d^{fg})^*\bar{d}_R^g\phi^\dagger q_L^f + y_u^{fg}\bar{q}_L^f\tilde{\phi}u_R^g + (y_u^{fg})^*\bar{u}_R^g\tilde{\phi}^\dagger q_L^f\right)$$

值得注意的是，我們知道，宇宙的所有物理定律，基本
上全都可以從這一頁篇幅的方程式推導而出。問題在
於，這兩種理論——愛因斯坦的相對論和標準模型——
是以不同的數學、不同的假設和不同的場為根本。最終
目標是要把這兩組方程式，合併為單獨一種有限的統一
樣式。關鍵識見在於，凡是宣稱為萬有理論的任何理
論，都必須包含這兩組方程式，而且仍然得保持有限。
到目前為止，就迄今已經提出的種種不同理論，唯一能
辦到這點的就是弦論。

第六章：弦論興起：指望和問題

1. 吉川博士和我是一個弦論分支的協同創建人，那個分支
   稱為「弦場論」，它讓我們能以場的語言來表達弦論的

總體內容，從而得到一則區區一英吋長的簡單方程式：

$$L = \Phi^\dagger (i\delta_\tau - H)\Phi + \Phi^\dagger * \Phi * \Phi$$

儘管這讓我們能夠以緊湊的型式來表達整個弦論，這依然不是那項理論的最終表述。我們將會看到，弦論有五種不同類型，每種都需要一個弦場論。不過若是我們來到第十一個維度，所有五個理論顯然都會收斂納入一個方程式，並由某種稱為 M 理論的東西來描述，而那種理論則包含一批形形色色的膜和弦。就眼前而論，由於膜的數學處理十分困難，特別在十一維度上，現在還沒有人能以單一場論方程式來表述 M 理論。事實上，這就是弦論的主要目標之一：得出該理論的最終型式，讓我們能從中提取物理學結果。換句話說，弦論或許還沒有產生出它的最終型式。

2. quoted in Nigel Calder, *The Key to the Universe* (New York: Viking, 1977), 185.

3. 更明確而言，馬爾達西那發現的是四個維度的 $N = 4$ 超對稱楊－米爾斯理論和十個維度的 IIB 型弦論之間的對偶性。這是種非常不平凡的對偶性，因為它能表明具有四維度楊－米爾斯粒子之規範場論和十維度弦論之間的

等價屬性，而這兩邊通常都被認為是截然不同的。這種對偶性顯示見於四維度強交互作用的規範場論和十維度弦論間之存有深厚的關聯性，這點相當了不起。

4. quoted in William H. Cropper, *Great Physicists* (New York: Oxford University Press, 2001), 257.

5. http://www.preposterousuniverse.com/blog/2011/10/18/column-welcome-to-the-multiverse/comment-page-2.

6. Sheldon Glashow, with Ben Bova, *Interactions* (New York: Warner Books, 1988), 330.

7. quoted in Howard A. Baer and Alexander Belyaev, *Proceedings of the Dirac Centennial Symposium* (Singapore: World Scientific Publishing, 2003), 71.

8. Sabine Hossenfelder, "You Say Theoretical Physicists Are Doing Their Job All Wrong. Don't You Doubt Yourself?" *Back Reaction* (blog), Oct. 4, 2018, http://backreaction.blogspot.com/2018/10/you-say-theoretical-physicists-are.html.

第七章：尋找宇宙的意義

1. Stephen Hawking, *A Brief History of Time* (New York: Bantam Books, 1988), 175.

文獻選讀

Bartusiak, Marcia. *Einstein's Unfinished Symphony*. Yale University Press, 2017.

Becker, Katrin, Melanie Becker, and John Schwarz. *String Theory and M-Theory*. Cambridge University Press, 2007.

Crease, Robert P., and Charles Mann. *The Second Creation: Makers of the Revolution in Twentieth-Century Physics*. New York: Macmillan, 1986.

Einstein, Albert. *The Special and General Theory*. Mineola, New York: Dover Books, 2001.

Feynman, Richard. *Surely You're Joking, Mr. Feynman: Adventures of a Curious Character*. New York: W. W. Norton, 2018.

Feynman, Richard. *The Feynman Lectures on Physics* (with Robert Leighton and Matthew Sands). New York: Basic Books, 2010.

Green, Michael, John Schwarz, and Edward Witten. *Superstring Theory*, vols, 1 and 2. Cambridge: Cambridge University Press, 1987.

Greene, Brian. *The Elegant Universe: Superstrings, Hidden Dimensions, and the Quest for the Ultimate Theory.* New York: W. W. Norton, 2010.

Hawking, Stephen. *A Brief History of Time.* New York: Bantam, 1998.

Hawking, *The Grand Design* (with Leonard Mlodinow). New York: Ban tam, 2010.

Hossenfelder, Sabine. *Lost in Math: How Beauty Leads Physics Astray.* New York: Basic Books, 2010.

Isaacson, Walter. *Einstein: His Life and Universe.* New York: Simon and Schuster, 2008.

Kaku, Michio. *Parallel Worlds: A Journey Through Creation, Higher Dimensions, and the Future of the Cosmos.* New York: Random House. 2006.

Kaku, Michio. *Hyperspace: A Scientific Odyssey Through Parallel Universes, Time Warps, and the Tenth Dimension.* New York: Oxford University Press, 1995.

Kaku, Michio. *Introduction to String Theory and M-Theory*. New York: Springer-Verlag, 1999.

Kumar, Manhit. *Quantum: Einstein, Bohr, and the Great Debate About the Nature of Reality*. New York: W. W. Norton, 2010.

Lederman, Leon. *The God Particle: If the Universe Is the Answer, What Is the Question?* New York: Mariner Books, 2012.

Levin, Janna. *Black Holes Blues and Other Songs from Outer Space*. New York: Anchor Books, 2017.

Maxwell, Jordan. *The History of Physics: The Story of Newton, Feynman, Schrodinger, Heisenberg, and Einstein*. Independently published, 2020.

Misner, Charles W., Kip Thorne, and John A. Wheeler. *Gravitation*. Princeton: Princeton University Press. 2017.

Mlodinow, Leonard. *Stephen Hawking: A Memoir of Friendship and Physics*. New York: Pantheon Books, 2020.

Polchinski, Joseph. *String Theory*, vols. 1 and 2. Cambridge: Cambridge University Press, 1999.

Smolin, Lee. *The Trouble with Physics: The Rise of String Theory, the Fall of a Science, and What Comes Next*. New

York: Houghton Mifflin, 2006.

Thorne, Kip. *Black Holes and Time Warps: Einstein's Outrageous Legacy.* New York: W. W. Norton, 1994.

Tyson, Neil de Grasse. *Death by Black Hole and Other Cosmic Quanda ries.* New York: W. W. Norton, 2007.

Weinberg, Steven. *Dreams of a Final Theory: The Scientific Search for the Ultimate Laws of Nature.* New York: Vintage Books, 1992.

Wilczek, Frank. Fundamentals: Ten Keys to Reality. New York: Penguin Books, 2021.

Woit, Peter. *Not Even Wrong: The Failure of String Theory and the Search for Unity in Physical Law.* New York: Basic Books, 2006.

科學人文 82

神的方程式：對萬有理論的追尋
The God Equation: The Quest for a Theory of Everything

作者	加來道雄
譯者	蔡承志
主編	王育涵
校對	陳樂樨
責任企畫	郭靜羽
美術設計	江孟達工作室
內頁排版	張靜怡
總編輯	胡金倫
董事長	趙政岷
出版者	時報文化出版企業股份有限公司
	108019 臺北市和平西路三段 240 號 7 樓
	發行專線｜02-2306-6842
	讀者服務專線｜0800-231-705｜02-2304-7103
	讀者服務傳真｜02-2302-7844
	郵撥｜1934-4724 時報文化出版公司
	信箱｜10899 臺北華江橋郵政第 99 信箱
時報悅讀網	www.readingtimes.com.tw
人文科學線臉書	http://www.facebook.com/humanities.science
法律顧問	理律法律事務所｜陳長文律師、李念祖律師
印刷	勁達印刷有限公司
初版一刷	2022 年 4 月 22 日
定價	新臺幣 380 元

時報文化出版公司成立於一九七五年，並於一九九九年股票上櫃公開發行，於二〇〇八年脫離中時集團非屬旺中，以「尊重智慧與創意的文化事業」為信念。

ISBN 978-626-335-246-9｜Printed in Taiwan

神的方程式：對萬有理論的追尋／加來道雄著；蔡承志譯.
-- 初版 . -- 臺北市；時報文化出版企業股份有限公司，2022.04｜256 面；14.8×21 公分 .
譯自：The God Equation: The Quest for a Theory of Everything
ISBN 978-626-335-246-9（平裝）｜1. CST：宇宙論｜323.9｜111004341